中公新書 2735

盛口　満著

沖縄のいきもの

1000を超える固有種が暮らす「南の楽園」

中央公論新社刊

まえがき

本書は『沖縄のいきもの――1000を超える固有種が暮らす「南の楽園」』というタイトルです。しかし、「沖縄」や「沖縄のいきもの」と耳にしたとき、どんなものがイメージされるかは、人によって違いがあるのではないでしょうか。

「沖縄」という言葉から「エメラルドグリーンの海」を思い浮かべる人も、「亜熱帯のジャングル」を思い浮かべる人もいるでしょう。なかには沖縄そばやゴーヤーチャンプルーがまっさきに頭に浮かぶ人もいるかもしれません。「沖縄のいきもの」も、ヤンバルクイナやイリオモテヤマネコだけでなく、オオゴマダラといった昆虫類や、マンタ（イトマキエイ）などの海の生き物……思い浮かべる生き物には違いがあると思います。なかには「沖縄の生き物って、どんなものがいるか、イメージがわかない」という人だっているでしょう。

九州南端の鹿児島県の沖から、台湾にかけて、幾多の島々が連なっています。この島々のことをまとめて琉球（りゅうきゅう）諸島と呼んでいます（後述するように琉球諸島から尖閣（せんかく）諸島と大東（だいとう）諸島を除いた島々を琉球列島と呼びます）。日本の最南端に位置する琉球諸島の島々は、すべての島々をあわせても、その面積は日本の総面積の１％に満たない大きさです。ところが、日本で知られている昆虫の総種数の４分の１もの種類が、これらの島々から記録されています。琉球諸島の島々は、日本の中で、生物多様性がきわめて高い地域といえます。そして、琉球諸島の島々は、単にそこに棲(す)みついている生き物の種類が多いだけでなく、地球上でもここにしかいない生き物たちが数多く見られることでも知られているのが特徴です。

奄美大島(あまみおおしま)固有のアマミノクロウサギやルリカケス、沖縄島北部のやんばると呼ばれる森にだけ暮らしているヤンバルクイナやヤンバルテナガコガネ、世界でも西表島(いりおもてじま)だけにしかいないイリオモテヤマネコ。こうした生き物たちの名前は、どこかで耳にしたことがあるのではないでしょうか。これらは、琉球諸島の中でも、それぞれ特定の島でしか見られない生き物です。でも、なぜ、これらの生き物は、その島でしか見られないのでしょう？　はたまた、島というのは、周りを海で取り囲まれた陸地なのですから、飛べないことで有名なヤンバルクイナや、一般には水が嫌いなネコの仲間であるイリオモテヤマネコは、どうやってその島にたどりついたのでしょう？

考えてみると、島に棲む生き物には、なんらかの「謎」があるようです。つまり、島の生き物を見るということは、自然界の謎の存在に気づき、その謎解きに挑戦することであるといえるかもしれません。

琉球諸島の生き物は多様です。また、九州から台湾にかけて、約１２００キロもの間に連なる島々は、区域ごとに島々の成り立ちが異なっています。なにしろ東京から鹿児島までの直線距離が、およそ９６０キロで、琉球諸島の長さはそれよりもまだ長いのですから。

琉球諸島は、行政区分でいうと鹿児島県と沖縄県にまたがっています。琉球諸島のうち、ほぼ一列に連なる主要な島々が琉球列島と呼ばれる島々です。このうち屋久島や種子島など、薩南諸島と呼ばれる島々から、奄美諸島の与論島までが鹿児島県に所属し、沖縄島から与那国島にかけての島々が沖縄県に所属しています。しかし、自然は、必ずしも県の境界で区分されるわけではありません。琉球列島は、その自然を見る場合、大きく、北琉球、中琉球、南琉球という区分に分けられます。また、これら琉球列島の島々の「列」から少し離れた位置に、尖閣諸島と大東諸島という島々があります。

島々に見られる生き物たちは、その島がどこに位置しているかで、大きく異なっています。その理由がなぜかについては、これから本書の中で説明することになります。

本書のタイトルをもう一度、見てみることにしましょう。『沖縄のいきもの――１０００を超える固有種が暮らす「南の楽園」』。本書で扱うのは、沖縄県に所属する島々――中琉球の沖縄諸島と、南琉球の宮古諸島、八重山諸島、それに尖閣諸島と大東諸島の島々の生き物たちです。琉球諸島の中でも、北琉球の生き物たちは本土と共通する種類が多く見られます。そのため、本書では琉球諸島らしい生き物が見られる沖縄の島々の生き物を紹介します。

ところで沖縄の島々の中でも、西表島は「ジャングルの島」「原始の大自然が残っている島」として知られていると思います。ところが、大都会、那覇市のある沖縄島の生き物たちのほうが、西表島の生き物たちよりも、不思議な存在なのです。沖縄島北部、やんばると呼ばれる地域には、ヤンバルクイナだけでなく、ケナガネズミやトゲネズミ、クロイワトカゲモドキやリュウキュウヤマガメなど、特有の生き物たちが棲んでいます。沖縄島を含む中琉球の島々に棲む生き物たちは、周囲の地域に近い仲間が見られず、ぽつんと中琉球の島々にだけ見られるものが少なくありません。なぜ、そんな分布になっているのかというのが、大きな謎なのです。

また、沖縄島にはヤンバルクイナ、西表島にはイリオモテヤマネコがいますが、その間にある宮古島には、特徴的な生き物はいないのでしょうか。いいえ、ちゃんと宮古島にも宮古島ならではの生き物がいます。それがミヤコサワガニです。「ええ？　カニ？」と思うかもしれません。ところが、ミヤコサワガニはとても不思議な存在なのです。さらにいえば、宮古島は、ミヤコサワガニだけでなく、ほかにも不思議な生き物たちが見られる島だと、最近ようやくわかってきたところです。

南琉球に位置する西表島には、世界で一番狭い範囲で暮らし続けている野生のネコ、イリオモテヤマネコがいます。なぜこんなに狭い範囲で生き続けることができたのかというのが、イリオモテヤマネコの一番の謎です。

本書では、沖縄諸島、宮古諸島、八重山諸島と、地域ごとに、見られる生き物について、その生き物のもつ不思議とあわせて紹介していきます。ただ、琉球諸島の生き物たちの不思議は、まだすっかり解明されているわけではありません。それだけ謎の多い、言葉をかえれば魅力ある生き物たちが暮らしている島々だということです。また、本書が対象としているのは、主に沖縄県に所属している島々で見られる生き物たちですが、おりにふれ、沖縄島と同じく中琉球に位置する奄美大島の生き物たちも紹介します。さらに本書には、遠く離れたハワイの生き物たちも登場します。ハワイという沖縄とは対照的な島を取り上げることで、より沖縄の島々の生き物の特性をはっきりさせることができると考えたためです。

琉球諸島の島々は、大昔にさかのぼれば皆、無人島でした。その島々に人々が渡ってきて住みついた歴史があります。沖縄の島々からは、2万〜3万年前の旧石器時代人の骨や遺跡も見つかっています。沖縄は、ずいぶんと古くから人々が住みついていた島だともいえます。では、人々と自然は、どのような関わりがあったのでしょう。終章では、そうした点にも触れてみたいと思います。

2021年に、奄美大島、徳之島(とくのしま)、沖縄島北部、西表島が世界自然遺産に登録されたことは、大きく報道されました。琉球列島の自然のもつすばらしさが、世界的に評価されたわけです。一方、島の自然は脆弱(ぜいじゃく)です。基地問題、環境汚染、観光のオーバーユースという地域の課題に加え、温暖化という世界的な課題も、島の自然を脅かす要因となっています。伝統的な島の人と自然の関わり方も、急速に変化しつつあります。

何よりもまず、沖縄の島を訪れる人たちに、島の生き物たちの魅力を知ってもらいたい。そう思います。世界の中でも「ここ」でしか出会えないものたちがいる島と知ることから、「そこ」を大事にしたいという思いも生まれてくると思うからです。

では、島々の生き物の紹介を始めましょう。

沖縄のいきもの　目次

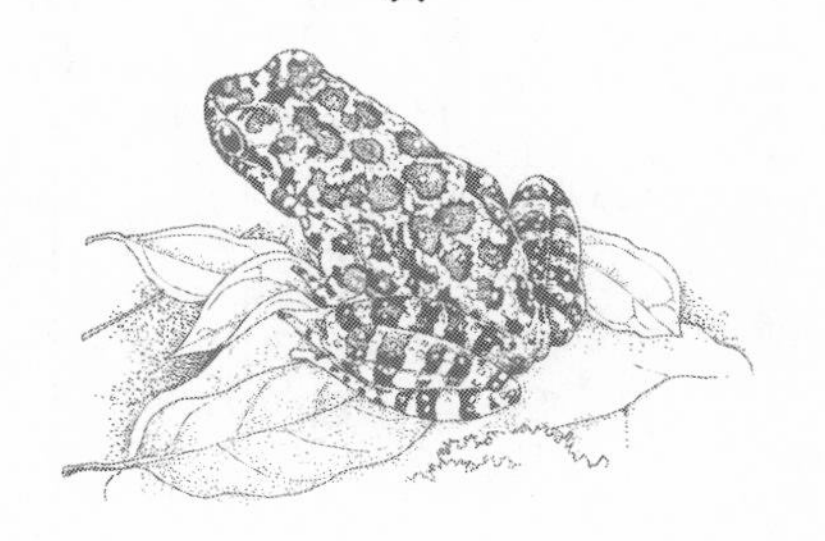

第2章 沖縄諸島の島々 ——箱舟に乗った生き物たち 49

第4章 八重山諸島——不思議な生き物たち 135

第5章 大東諸島 冒険者と侵略者の島――177

第6章　人と自然の関わり ―― 205

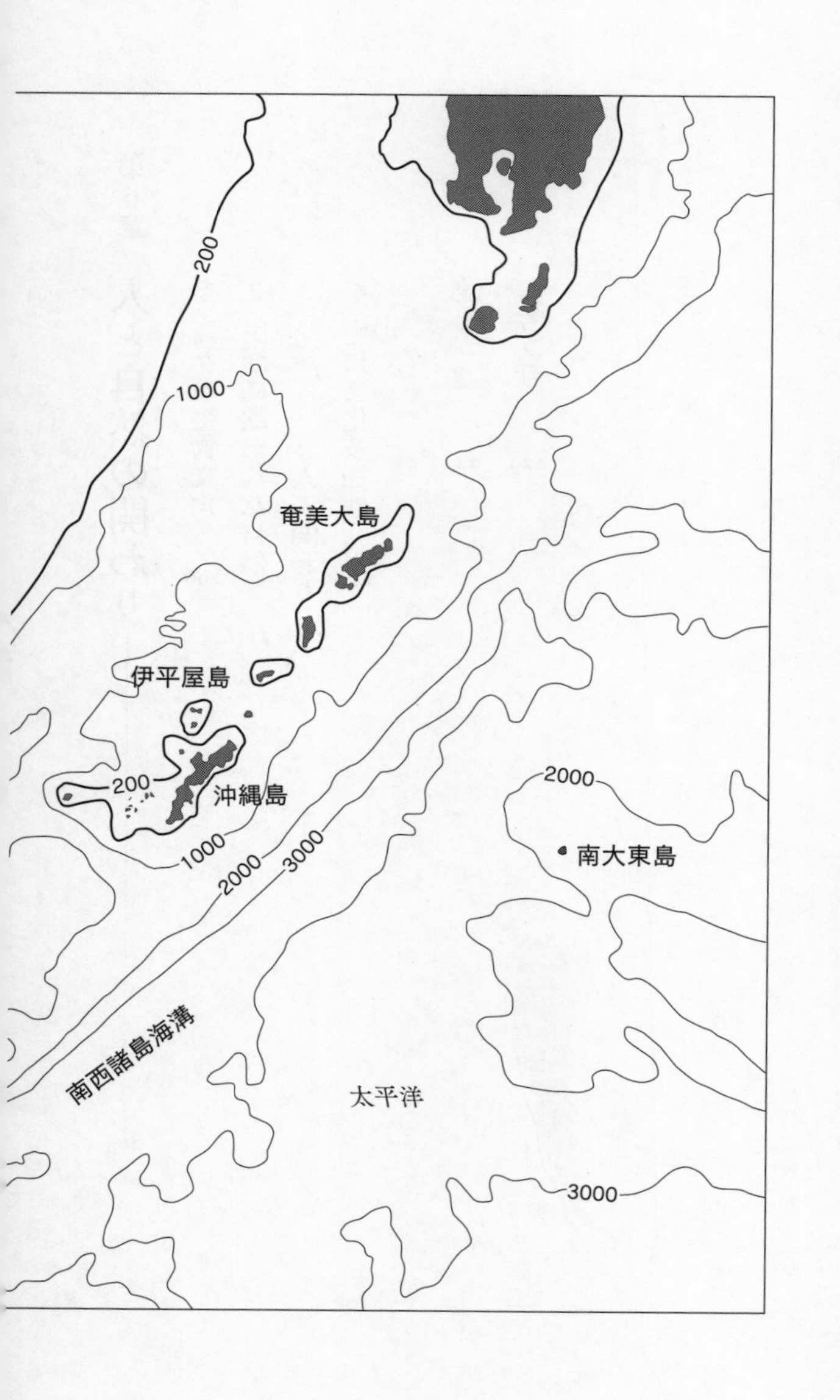
200
1000
奄美大島
伊平屋島
200
沖縄島
1000
2000
3000
2000
南大東島
南西諸島海溝
太平洋
3000

——（太線）は水深200メートルのライン
東シナ海
尖閣諸島
1000
2000
沖縄トラフ
宮古島
石垣島
1000
2000
3000

沖縄のいきもの——1000を超える固有種が暮らす「南の楽園」

序章　那覇の街歩きから

沖縄の玄関口の一つが那覇空港です。那覇空港は海に臨接して建設されています。そのため空港に着陸するのが昼であれば、空港に着陸する直前、エメラルドグリーンの海が眼下に広がるのが見え、南の島にやってきたという実感がわくのではないかと思います。

空港から那覇の街中へはモノレールが走っています。モノレールに乗ってみることにしましょう。モノレールが発車して15分ほどで県庁前駅に到着します。県庁前駅を降りるとすぐに大きな交差点があります。この交差点は、お土産物屋が並ぶ国際通りの起点になっています。沖縄を訪れる人々の目的はいろいろですが、多くの人は、たとえ短時間でもこの通りを歩いてお土産を買ったり、食事をしたりするのではないでしょうか。本書は沖縄の生き物を紹介するのが目的ですが、その前に、少し国際通りを散歩してみましょう。

国際通り沿いの街路樹は、まっすぐな幹をもつヤシの木が並んでいます。いかにも南の島です。ところが、ヤシの木を見上げても、丸く大きな実はついていません。いわゆるヤシの実をつけるココヤシとは種類が違うからです。ヤシの木にも、いろいろな種類があります。街路樹の中にプレートが付けられたものがあります。それを見ると「ヤエヤマヤシ」という名前が書かれています。国際通りに植えられているのは、八重山諸島の西表島と石垣島（いしがきじま）の固有種、ヤエヤマヤシなのです。西表島の干立（ほしだて）や石垣島のウブンドゥルのヤシ林は天然記念物に指定されています。国際通りを行きかう人で街路樹を気にしている人は見当たりませんが、このヤシの木も、沖縄ならではの生き物の一つなのです。この木のふるさと、八重山の動植物については第4章で取り上げることにします。

国際通りを進んでいくと、いろいろなお店があります。一番多いのはお土産屋です。店先に「星砂」と書かれた小瓶が山盛りになっておかれています。星砂は名前の通り、星型をした「砂」です。売られているものには色がつけられていたりもしますが、もともとは白い色をしています。この星砂とは何でしょう。星砂の正体については、この後、第1章の中で明かすことにしましょう。

ショウウインドウに鮮やかな赤い色をしたサンゴが飾られている店もいくつかあります。サンゴは宝石として扱われたりしますが、一方、沖縄を取り囲むサンゴ礁の海の様子を思い浮かべても、赤い色をしたサンゴはないように思います。サンゴとは何かということは、沖縄の島の成り立ちを理解するうえでも大事です。このことも、星砂同様、第1章であらためて取り上げることにしましょう。

国際通りに並ぶお店の中に、古い切手やお金を売っているお店があります。のぞいてみると、チョウチョウウオなど、南の海の魚をモチーフとした切手に琉球郵便という文字が書かれています。戦後、1972年まで、沖縄はアメリカの施政下にありました。その当時発行されたのが琉球切手と呼ばれる独自の切手です。生き物をモチーフとした切手には、ほかにもタイマイやシオマネキ、ヤコウガイなど、南の島ならではのものが見られます。その中にジュゴンを絵柄にしたものもあります。ジュゴンは海生の哺乳類で、沖縄では古くから人と関わりがある動物の一つです。ジュゴンと人との関わりについても本書の中で取り上げたいテーマです。

国際通りを半ばまで歩いたところで、路地に入ってみましょう。市場本通りと呼ばれるアーケードを通って、第一公設市場に行くことにします。本書執筆中の現在は改装中のため仮設の場所ですが、扉を開けて中に入ると、肉屋や魚屋、漬物屋などがひしめき合うように並んでいます。目を引くのは魚屋です。本土の魚屋と比べ色鮮やかな魚たちが並んでいるのが特徴です。魚屋には、ほかにも、先に切手屋で見かけた切手の題材となっていた、巨大なサザエの仲間のヤコウガイが売られているのも見ることができます。

市場を後にし、再び国際通りに戻ることにします。安里方面へ歩いていくと、「てんぶす那覇」と名付けられたビルがあります。その裏手が公園になっているので、足を向けます。

少し丘のような起伏がある公園には、沖縄で身近に見る、代表的な木が生えています。分厚い葉を、幹が見えないくらいに密集させているのはフクギです。昔は防風用に民家の周りを、このフクギで囲いました。今でも離島に行くと、そうした昔ながらの民家を見ることがあります。ひときわ枝を広げている、大きな葉をつけた木はモモタマナです。日陰をつくってくれるので、公園や学校などによく植えられる木です。沖縄の木としては珍しく、冬には葉をすっかり落としてしまいます。幹が奇妙にねじれ、枝からヒゲのような気根を垂らすのは沖縄の人々にとって最も身近な木といえるガジュマルです。この木のことは第2章でもう少し詳しく取り上げることにします。

公園には、ヤエヤマヤシと違った姿のヤシの仲間が何本も植えられています。本土で見かけるシュロに似たこの木はビロウです。ビロウは公園に植えられたり、街路樹に使われたりします。沖縄島の東海上に浮かぶ久高島（くだかじま）は、琉球王府時代から伝わるさまざまな行事があることで有名な島なのですが、この島にはその名もクボーウタキ（クバとはビロウのこと、つまりビロウウタキ。ウタキというのは、沖縄の神様をまつる場所。神社と違い、特に建物などはない）と呼ばれる神聖な場所があります。この木も、古くから人との関わりが深い木なのです。また、沖縄島のさらに東方海上に浮かぶ大東諸島は明治時代まで長い間無人島でしたが、この島は無人島時代、このビロウの林に覆われていました。大東諸島の生き物については第5章で紹介します。

公園の一角には石灰岩の塊があります。その上に根を下ろしているのはガジュマルと同じ仲間のハマイヌビワです。那覇も含めた沖縄島中南部には、こうした石灰岩の塊が、ところどころ顔を出しています。沖縄島の中南部は、石灰岩地帯なのです。この石灰岩は、もともとはサンゴ礁だったものです。つまり古い時代、この場所は海の中だったことになります。宮古島は島全体が石灰岩地です。すると、宮古島も過去に島全体が海中に沈んでいた時代があることになります。ところが、宮古島には第3章で紹介するように、宮古島ならではの固有の生き物たちが見られるという謎があります。

石灰岩はカルシウムからできているので、殻を作るのにカルシウムを必要とするカタツムリたちにとって、石灰岩地は好ましい環境といえます。この小さな公園も、見るとたくさんのカタツムリたちが棲んでいます。大きな殻が落ちていたら、それは移入種のアフリカマイマイです。殻の外に顔を出しているものはいるでしょうか。雨上がりの日なら、そうしたものも見られるはずです。よく見ると、頭の先に触角があり、眼はその触角の付け根についているカタツムリと、頭の先に触角があり、眼も長い柄の先についているカタツムリがいるのがわかると思います。後者がいわゆる普通のカタツムリです。では前者は？　さらによく見ると、前者は蓋（ふた）をもっていることにも気づきます。晴れた日には、殻の口をこの蓋で閉じて殻の中に引きこもっています。蓋のあるカタツムリ（この場所

ハマイヌビワ

で見られるのはオキナワヤマタニシ）は、蓋のないカタツムリ（この場所で見られるのはオキナワウスカワマイマイ）とはまったく別の祖先の貝の仲間から陸上に進出したグループです。こうした蓋のあるカタツムリの仲間がよく見られるのも沖縄ならではのことといえるでしょう。こうしたカタツムリたちは、本書のところどころに顔を出すことになります。

どうでしょうか、国際通りを歩いただけでも、沖縄の自然のいろいろな側面が見えてくるとは思いませんか。てんぶす那覇からまた少し安里方面に歩くと、川の上に架かった橋があります。蔡温橋（さいおんはし）と名付けられた橋です。蔡温（1682〜1761）というのは、琉球王国時代の名高い施政官の名前です。蔡温は最後の第6章でも登場するので、頭の隅にその名をとどめておいてもらえればと思います。

那覇の街中にも、見どころはいろいろあります。でも、街歩きは、ここらで一区切りつけて、沖縄の島々の生き物たちを、本格的に紹介していくことにしましょう。まずは生き物たちの暮らしている島々の成り立ちから見ていくことにします。

アフリカマイマイ

第1章　島々の成り立ち
大陸とつながる島、つながらない島

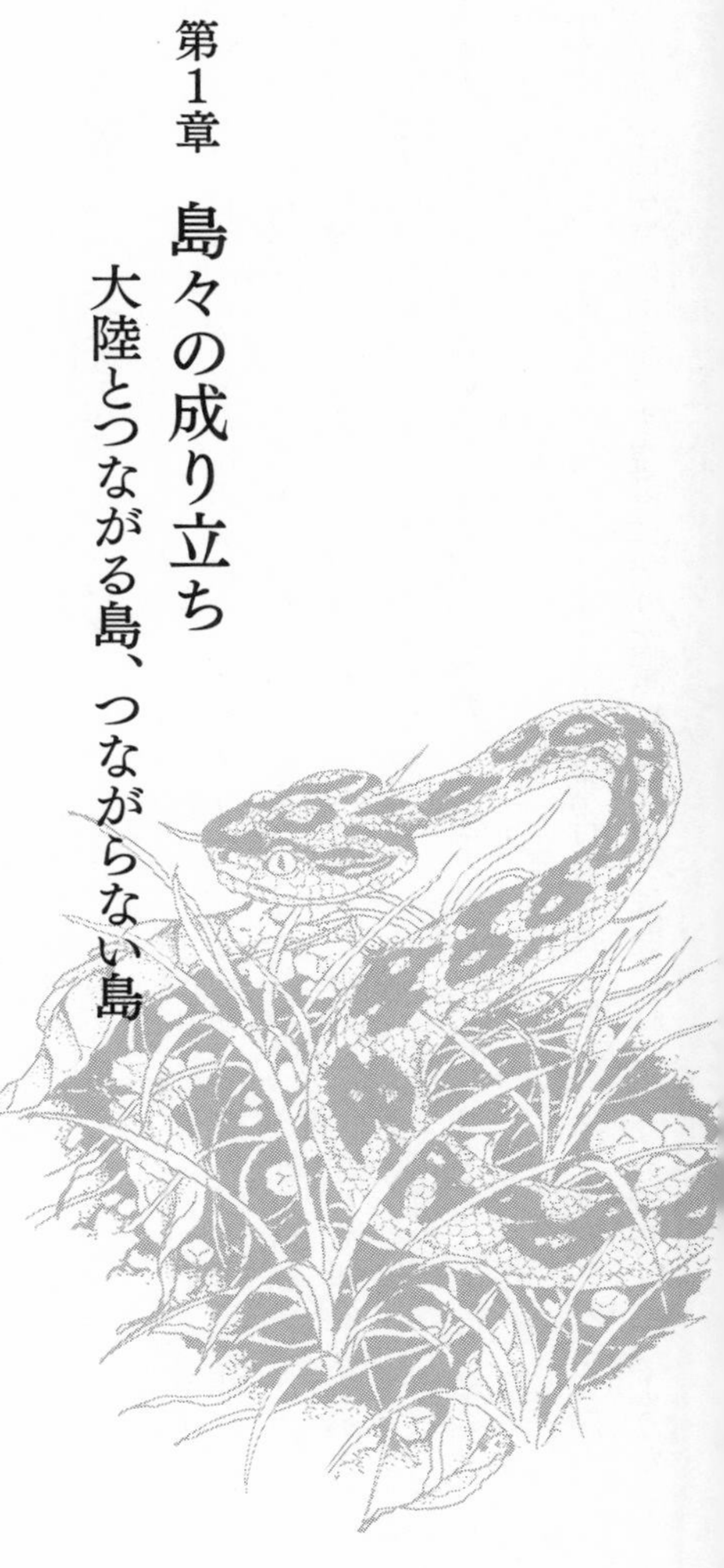

1　海の真ん中にできた島――ハワイ

観光地として世界的に有名な南の島にハワイがあります。ところで、私は観光地に興味がありません。そんな私がハワイに行ってみたいと思うようになったのは、沖縄の自然とハワイの自然には、大きな違いがあることに気づき、ハワイの自然を見ることで、より沖縄の自然がクリアにわかるのではないかと思うようになったからです。ハワイといっても、ワイキキビーチに行きたかったわけではないのです（家族旅行だったので、結局、心ならずもワイキキビーチを訪れることになりましたが）。

日本を飛び立ち、一度オアフ島のホノルル空港で飛行機を乗り換え、ハワイ諸島の中で最大のハワイ島の西海岸にあるコナ空港におりて驚いたのは、周囲に緑の少ない岩石砂漠のような風景が広がっていることでした。「南の島」のハワイのこと、眼前には、もっと緑に包まれた島が広がっているものと、勝手にイメージしていたのです。

あとあと調べて、コナ空港周辺に岩石砂漠状の風景が広がっているのは、ハワイには一年を通して決まった方向から風が吹く（貿易風）ことが関係しているとわかりました。海面から水蒸気を得て湿った空気は、島の中央部にある山の斜面を登るにつれ雲を作り、雨を降らせます。そして雨を降らせた後の乾いた空気が山の反対側の斜面を下っていくことになります。つまり同じハワイ島にありながら、風上側にあたる東海岸は雨が多いのですが、西海岸は雨が少ない気候となるのです。実際、島をぐるっと車でめぐると、東海岸にさしかかるあたりから緑がぐっと増えることが見て取れます。そして、私がハワイに行ってさらに驚いたのは、この「緑」に覆われた地帯に足を踏み入れてからのことでした。

西海岸にあるコナから、東海岸にあるヒロに向けて車を走らせている途中、緑の森が見えたので、車を止めて森の中に入ってみることにしました。森の中に入れば、ハワイでしか見られないような生き物が目に入るのではないかと思ったのです。ところが、足を踏み入れた森は、よくよく見渡してみれば、オーストラリア原産のユーカリの植樹林でした。さらに林内に低木として生えていたのも、外来の植物のグァバだったのです。

「たまたま、植林地に入り込んでしまったのかな？」

当初は、そんなふうに思いました。そこで、車を走らせ、ハワイ島の西海岸に暮らしている、妻の友人宅に向かいます。ところが、友人宅であいさつをかわし、せっかくだからと案内してもらった一帯の森も、入り込んでみると外来種のカエンボクやグァバばかりが生い茂る森でした。妻の友人の家のわきには畑や果樹園があるのですが、そこで見られたのも、いずれも外来種と思しき昆虫やナメクジやヤモリの姿ばかりでした。

沖縄島でも、外来の植物はよく目にします。沖縄島のどこに行っても、目にすることのできる、道端で咲いている白い花は、戦後広がった、アメリカ大陸原産のアワユキセンダンソウです。しかし、沖縄では、森全体が外来植物と置き換わるようなことはありません。ところがハワイでは、森の林冠を作る木々だけでなく、低木や、さらにはそこで見られる昆虫や鳥まですべて外来種に置き換わっているのです。こうした「外来種だらけ」の森は、ハワイ島に限った話ではなく、マウイ島やオアフ島の森も同様でした。いわば、温室の中に育てられている観葉植物が、そっくりそのまま周囲の自然の森に置き換わっているようなものです。オアフ島のマノア渓谷を歩いているうちに、そのあまりの外来種への置き換わりぶりに私は頭がくらくらしてしまい、途中でホテルに引き上げてしまったほどでした。これは、かなりショックな体験でしたけれど、島の自然を考えるうえで、大きな体験をしたと今では思っています。

ハワイ諸島はアメリカ大陸西岸から3800キロ、東京からは5500キロあまり離れた、海の中に浮かぶ島々です。地殻はいくつかのプレートと呼ばれる塊に分かれ、そのプレートの動きによって大陸も移動します。ハワイが乗っているのは、太平洋の海底を構成している太平洋プレートです。その太平洋プレートに、ホットスポットと呼ばれる溶岩の湧き出し口があり、ここから噴き出た溶岩がハワイの島々を生み出しました。生み出された島は、プレートの動きに従って、徐々にホットスポットから遠ざかっていくことになります。そしてまた、新たな島がホットスポット上に生まれるということが繰り返されます。こうして連なったハワイの島々ができあがったと考えられています。実際、ホットスポットに最も近い、つまり最後にできたと考えられているハワイ島の誕生年は推定で40万年前ほどと考えられていて、現在もまだ火山活動が見られます。一方、ホットスポットからより遠くに位置するマウイ島は、75万～132万年前、さらに遠くに位置するオアフ島は260万～370万年前に誕生したと推定されています。

こうして、海の真ん中に火山島として誕生したハワイの島々に生き物が見られるのは、なんらかの方法で、ほかの陸地から島に渡ることができた生き物がいたからです。また島に渡ってきた生き物が、首尾よく島に定着できた後、その子孫は、祖先と異なる姿や習性をもつ生き物へと分化していきました。例えば、翼をもつ鳥の仲間は、ハワイに渡ることのできた動物の代表といえます。ハワイミツスイの仲間は、一つの祖先種が島に渡ってきたのちに、化石でしか見つかっていない種も含めて全部で45種もの種類に分かれたと考えられています。これは翼をもつ鳥であっても、ハワイのような海の真ん中にある島に渡ってくることのできる鳥が限られていたためです。ハワイミツスイの先祖は、競争相手の少ない中で、さまざまなニッチ（生態系における暮らし方）を利用できたため、そのニッチにあわせて分化していったのです。また、鳥の中には、島に渡ってきたのちに、捕食者のいない環境下で、飛ぶことをやめた種類（ガンの仲間のネネなど）も生まれました。

植物の場合はどうでしょうか。ハワイに見られる種子植物は、鳥に食べられることで運ばれるタイプ（被食型鳥散布）や鳥の体につくことで運ばれるタイプ（付着型鳥散布）が多く、それに続いて海流散布タイプの植物が多いという報告があります。植物の場合も、島に渡ってくることのできた植物が限られていたため、さまざまなニッチを占めるという現象が起きました。

ハワイのように、一度もほかの陸地とつながったことがなく、またほかの陸地からもかなり離れている島を海洋島と呼びます。ハワイを例にしたように、海洋島の生き物は、かなり特殊です。こうした海洋島の中でも特別有名な島にガラパゴス諸島があるといえば、イメージがしやすいかもしれません。ガラパゴス諸島には、ガラパゴスゾウガメやウミイグアナをはじめ、この島々にしか見られない特異な生き物が多数見られることはよく知られています。

ハワイの昆虫についても見てみましょう。ハワイでは、ショウジョウバエの仲間に、多くの固有種が見られることが知られています。また、肉食のシャクトリムシのように、世界の中でもハワイでしか見られないような特異な生態のガが棲息（せいそく）していたりします。

こうしたハワイならではといえる昆虫の「影」にあたる存在として、ハワイまで渡ることのできなかった昆虫たちも多くいるということを忘れるわけにはいきません。ゴキブリやアリ、セミの仲間は、もともとハワイには一種類もいませんでした。常夏の島というキャッチフレーズのハワイでは、セミの声を聴くことはないのです（ゴキブリやアリは人間によって持ち込まれたため、棲みついています）。翅（はね）があり、長距離の移動も可能そうなチョウにしても、ハワイ在来の種類はわずか2種類（タテハチョウの仲間のカメハメハチョウと、シジミチョウの仲間のハワイアンブルー）しか知られていません。

同様のことは、ほかの生き物でも見ることができます。ハワイにはもともと両生類や爬虫（はちゅう）類は一種類もいませんでした。カエルやヘビは数千キロの海を越えてハワイにたどりつくことができなかったのです。

このように、ハワイで見られる生き物たちは、構成がアンバランスです。すなわち生態系として見た場合、ニッチに空きがある状態（非調和な状態）です。こうした生態系は人間が外来の生き物を持ち込むとはびこりやすいという特徴があります。もともと捕食者がいなかった場合、人間が捕食性の生き物を持ち込むと、捕食者への対抗手段をもたない在来の生き物が、あっという間に絶滅してしまう恐れも生じます。

こうしたことから、ハワイでは、生態系が丸ごと外来種に置き換わるということが起こっているのです。もっとも、ハワイでも標高の高いところでは、外来の生き物があまり入り込んでおらず、在来のハワイの植物であるギンケンソウ（銀剣草）や飛べないガンの仲間のネネなどの姿を見ることができます。

2 ヘビのいる島、いない島——海洋島と大陸島

ハワイ旅行の際に、私の目を引いたものがありました。空港のテーブルの上に置かれた瓶の中に液浸（えきしん）にされたヘビの標本です。これは、「生きたヘビを持ち込むべからず」という警告として置かれていたものです。先に書いたように、海洋島であるハワイには、在来のヘビはいません。島にヘビが持ち込まれ、野外に逃げ出すと、捕食性のヘビへの耐性がない野鳥などに甚大な被害がでる恐れがあります。

ハワイと同じように観光地として有名な南の島に、グアム島があります。グアム島は沖縄から南東2200キロの西太平洋上に浮かぶ、ハワイ同様の海洋島です。グアム島は観光地として有名ですが、この島の動植物についてはあまり知られていないのではないでしょうか。グアム島にも固有の生き物が存在します。その中に、グアムクイナという飛べない鳥がいます。ところが、第二次世界大戦後、この島に米軍物資に紛れてナンヨウオオガシラという樹上性のヘビが持ち込まれてしまいます。このヘビは、やがて1ヘクタールあたり1000個体というすさまじい密度になるまで増殖したというので驚きです。この結果、グアムクイナをはじめ、多くの鳥やオオコウモリなどが捕食され、その数を大きく減少させてしまいました。グアムクイナは急激に減少したため、1986年までに残っていた21羽すべての野生個体を捕獲し、動物

園での人工増殖が行われることになりました。いわゆる、野生絶滅と呼ばれる状態です。人工飼育下で増殖には成功したものの、増やしたグアムクイナの野生復帰は思うように成功していません。一度絶滅した生き物は二度と復活できないし、絶滅が起きるような状況まで追い込まれた生き物は、棲息環境が大幅に改善されない限り、元の棲息地へは戻れません。こうした例があるので、ハワイではヘビを持ち込まないようにという警告がだされているのです。

海洋島であるハワイやグアムに対して、沖縄の島々はどうでしょうか。沖縄には有名な毒蛇ハブがいます。沖縄には、もともとヘビが棲んでいるのです。つまり、沖縄の島々は海洋島ではなく、ほかの陸地と過去につながった歴史があるか、ほかの陸地と近接しているためにその影響を強く受けている、大陸島と呼ばれる島々なのです（第５章で紹介するように、沖縄の島々の中でも大東諸島だけは事情を異にしています）。もちろん、ハブをはじめとした、沖縄で見られるヘビたちは、そのような陸続きだった時代に陸伝いに渡ってきたものの子孫です。

では大陸島には、海洋島のような特異な生き物は見られないのでしょうか。沖縄の島々にも、イリオモテヤマネコやヤンバルクイナといった、固有の生き物たちが見られることはよく知られている通りです。ほかの陸地とつながったことがある大陸島の場合でも、「いつ」「どこ」の陸地とつながっていたかによって、その島で見られる生き物に違いがでてきます。沖縄の島々の自然を見るときのカギは、この、「いつ」「どこ」の陸地とつながっていたかということです。

ただし、「いつ」「どこ」の陸地とつながっていたのか、過去にさかのぼって直接確かめることはできません。沖縄の島々が、「いつ」「どこ」の陸地とつながっていたのかというのは、まだ謎も多く残されている問題であり、それだけ、沖縄の島々の生き物には、不思議さや魅力があるのです。

3 海峡の誕生と島々の区分

九州南端から台湾にかけて1200キロの距離の間に連なる主要な島々のことを、琉球列島と呼びます。さらに、この列島の西側には尖閣諸島、東側には大東諸島があります。これらの島々をすべてあわせて、琉球諸島（南西諸島）と呼びます。これらの島々のうち、大東諸島だけは海洋島です。大東諸島は南大東、北大東、沖(おき)大東と、いずれもさほど大きくはない島からなっていますが、海洋島であるために、生物相はほかの琉球諸島の島々とかなり異なっています。そのため、本書では大東諸島には一つの章をあてて紹介します。尖閣諸島も独特の生物相が見られることで知られていますが、尖閣諸島の生き物については、八重山諸島の章で触れます。

琉球諸島から、大東諸島と尖閣諸島を除いた琉球列島の島々は、北から次のように三つに区分されます。

北琉球　薩南諸島およびトカラ列島の悪石島(あくせきじま)までの島々
中琉球　トカラ列島の宝島(たからじま)、小宝島(こだからじま)と奄美諸島、沖縄諸島
南琉球　宮古諸島と八重山諸島

これらの島々の区分を生み出すのは、区分の境界に存在する、深い水深の海峡の存在です。悪石島と宝島の間には、トカラ構造海峡が、そして慶良間(けらま)諸島と宮古島の間にも慶良間海裂という水深の深い海峡が存在しています。深い海峡が存在すると、氷河期に海水面が今より低下しても、その両側の島は陸続きとならず、生き物の往来の障壁となりました。こうした境界の存在は、琉球列島の生物相の調査の過程で見つけ出されたものです。北琉球では本州～九州と同様の生物相が見られるのに対し、トカラ構造海峡を挟んだ中琉球では異なった生物相が見られることから、生物地理学上、渡瀬(わたせ)線という名称が、この境界に与えられています。

北琉球の生き物について、少し見ておきましょう。北琉球の屋久島には、ニホンザルやシカ、イタチといった本州～九州でも見られる哺乳類が棲息しています。また種子島にも、今は絶滅していますが、かつてはニホンザルが棲息していました。種子島には明治時代までキツネも棲息しており、タヌキは1960年代まで棲息していたのち、絶滅しています（現在、屋久島にタヌキが棲息していますが、これは移入されたものです）。

屋久島で見られるカエルは、ニホンヒキガエル、ヤクシマタゴガエル（タゴガエルの亜種）、

ニホンアマガエル、ニホンアカガエルなど、ほとんどが本州～九州で見られる種類です。屋久島で見られるヘビも、ジムグリ、シマヘビ、アオダイショウ、ヤマカガシ、シロマダラ、ニホンマムシなどで、これらの種類も本土と共通しています。

これに対して、中琉球の奄美大島や沖縄島にはニホンザルもキツネもタヌキも棲息していません。代わりに見られる哺乳類はアマミノクロウサギやケナガネズミといった、中琉球固有の動物たちです。

中琉球の島々も、大陸島です。つまり、かつては陸橋を通して大陸とつながっていました。アマミノクロウサギやケナガネズミといった、海に入って長距離、泳いで移動することが考えられないような哺乳類がこれらの島々に見られるのはそうした理由があるからです。一方、中琉球の生き物についての研究が進むなか、中琉球の島々はほかの陸地から切り離されて長い時間がたつことが明らかになってきました。そのため、大陸島でありながら、中琉球の生き物には、かなり独自なものが見られるのです。

4　ハブの来た道

中琉球に位置する沖縄島や奄美大島には、有名な毒蛇、ハブがいます。ハブは、中琉球に、いつ、どこから、やってきたものなのでしょうか。

ハブはマムシに比べるとずっと大きくなるヘビで、全長は120センチから220センチ、最大242センチのものも報告されています。ハブはクサリヘビ科ハブ属の仲間ですが、ハブ属の中でも最大で、アジアの毒蛇の中でも大型に入る部類です。ハブがなぜ大型なのかについては、はっきりわかっているわけではありませんが、中琉球には、アオダイショウのような、大型ヘビがいなかったためではないかとも考えられています。大型のヘビのニッチが空いていたため、そのニッチを占めるように、ハブが大型化したのではないかということです。

ハブは有名な毒蛇ではあるのですが、生活史については、よくわかっていないことも少なくありません。ハブは夜行性で、最も活動が盛んなのは、沖縄島の場合、4～5月と、9～11月で、真夏と冬場は活動が鈍ります。日本で見られる毒蛇の仲間には、大きくハブやマムシの仲間（クサリヘビ科）と、ウミヘビなどの仲間（コブラ科）に分かれます。ウミヘビの仲間の毒は、神経毒と呼ばれるものですが、ハブの毒にはタンパク質分解能があり、出血毒と呼ばれるものです。

ハブは、飼育下で全長100センチの個体が、年間40～60匹のハツカネズミの成体を捕食したという報告があります。また絶食には強い耐性を示します（ただし、水切れには弱いといいます）。野外での寿命は7～10年とされています。また、卵は一度に3～18個ほど産み、38～51日で孵化（ふか）します。

ハブの獲物については、さまざまなものが報告されています。ウナギ、カエル類、ヤモリやトカゲ、さまざまなヘビ類、各種の鳥、ネズミやアマミノクロウサギ、マングース、ネコなどを食べていた例があり、ヤンバルクイナの捕食例もあります。ただし、カエルなどを食べるのは幼蛇のうちで、成長するとともに、もっぱら哺乳類や鳥を捕食するようになります。

琉球列島には、次のようなハブの仲間がいます。

トカラハブ　宝島、小宝島に分布。全長は100センチを超えることがほとんどなく、毒は弱く致命的ではない。形態はハブとよく似ている。

サキシマハブ　八重山諸島（与那国島と波照間島を除く）に分布。多くは130センチを超えることはない。形態的にタイワンハブに似ている。水辺周辺に多く見られ、毒性はさほど強くはない。

タイワンハブ　台湾のほか、中国南部からインドにかけて分布する。沖縄島中部には、持ち込まれた個体が定着している。全長80～140センチ。毒は強いが注入される毒

ハブ

量がさほど多くないため、死亡例はまれ。

北琉球以北には、ハブの仲間は見られません。代わりに見られる毒蛇はマムシです。トカラ構造海峡を隔てた宝島、小宝島にはトカラハブが、そして奄美大島、徳之島や沖縄島といった島々にはハブ、石垣島、西表島といった八重山の島にはサキシマハブが棲息しています。

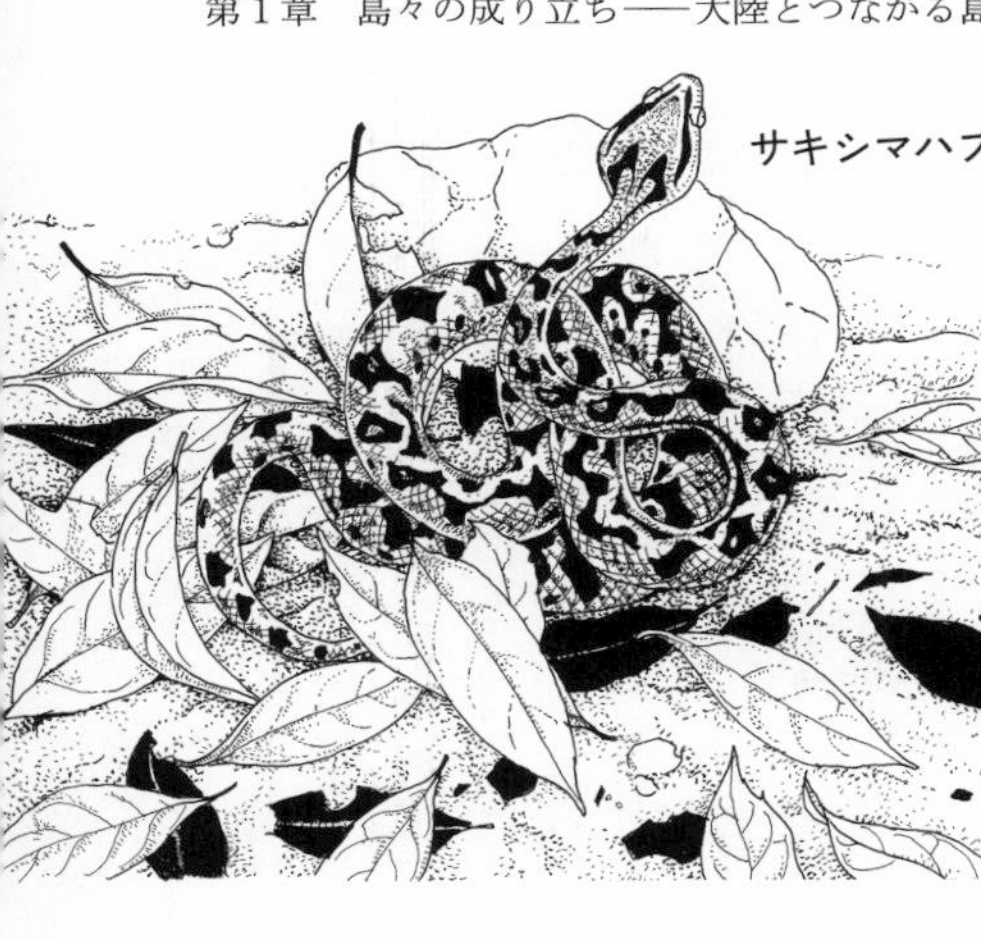

　ではハブは、どこからどうやってきたのでしょう？

　中琉球と北琉球の間で、ハブが「いる」「いない」という境界線が引かれます。ハブの仲間は本土にも見られませんから、ハブは本土から北琉球を通って中琉球や南琉球に渡ってきたのではないことは明らかです。そうなると、かつて、中国大陸と台湾から南琉球と中琉球へとつづく長い陸橋があったのではと考えたくなります。すなわち、タイワンハブとサキシマハブ、ハブ、トカラハブは互いに近縁で、陸橋が島々に細断されたあと、琉球列島の島の塊ごとに固有化したのではないかという仮説です。実際、かつてはそんなふうに考えられていました。

ところが遺伝子解析の結果、サキシマハブは確かにタイワンハブと近縁であり、またハブとトカラハブも近縁であったものの、サキシマハブとハブは近縁ではないとわかりました。ハブとトカラハブは、サキシマハブやタイワンハブではなく、中国大陸に棲息しているナノハナハブという種類と近縁であることがわかったのです。つまり、サキシマハブとハブでは、島々に渡ってきたルートや時代が異なっていたわけなのです。このことから、南琉球と中琉球の生き物は、必ずしも交流が深かったわけではないとわかります。そして、中琉球に見られるハブは、古い時代に中国大陸から直接、中琉球に渡ってきたものが、そのまま生き続けてきたということになります。専門的にいえば、ハブは、遺存固有種と呼ばれるものの一つなのです。

5 遺存固有——アマミノクロウサギ

ハブの例に見るように、中琉球は、以前考えられていたよりも古い時代に、九州〜本土だけでなく、南琉球（および南琉球を通じての台湾）とも切り離されていた島々であることがわかってきました。一般的には、琉球列島の中で、西表島が固有の生き物が多数見られる島というイメージが強いように思うのですが、島々の歴史をたどると、中琉球の島々こそ、長い間孤立した中で生き続けてきた、世界的に見ても独自の生き物たちが棲息している島々だということができるのです。

中琉球の生き物たちの特殊性について、奄美大島の代表的な生き物の一つであるアマミノクロウサギを例に見てみることにしましょう。アマミノクロウサギは、体色が黒く、耳の短い森林性の特異なウサギで、原始的な特徴を今に残すウサギであるといわれています。アマミノクロウサギは奄美大島のほかには、徳之島に見られるだけで、沖縄島には棲息していません。しかし化石の調査から、沖縄島でも１５０万年前頃や40万年前頃の地層から、アマミノクロウサギと思われる化石が見つかっています。また、このウサギの仲間と思われる化石は６００万～３００万年前のものが、中国大陸の揚子江（ようすこう）付近から見つかっており、アマミノクロウサギの祖先は中国大陸に棲息していたと考えられています。アマミノクロウサギの祖先が、当時陸続きだった中琉球に分布を広げてのち、中琉球が島として切り離されたというわけです。さらに、その後、中国大陸で暮らしていたクロウサギの仲間は絶滅してしまい、

アマミノクロウサギ

中琉球の島で暮らしていたものだけが生き残ったことになります。これがすなわち、先にも触れた遺存固有という現象です。おそらく、中国大陸のアマミノクロウサギの仲間は、捕食者の出現や気候の変化によって絶滅したのでしょう。また沖縄島の場合も、なんらかの理由で絶滅してしまったのです。

奄美大島や徳之島の場合も、もし中琉球が島として分離した際に、肉食哺乳類が棲みついていたら、今に至らず絶滅していたかもしれません。そうした点で、大陸島である沖縄の島々にも、肉食哺乳類の不在という、生態系の中のニッチの空きが見られるわけです。もし肉食性の哺乳類を人為的に導入した場合、その影響は大きいことになります。実際、奄美大島ではマングースやノネコがアマミノクロウサギの脅威になっています（現在、駆除の努力によって、マングースはほぼ根絶されつつあります）。

なお、中琉球は、いつほかの陸域から切り離されたのでしょうか。この点については、おおよそ、200万年前頃と考えられています。アマミノクロウサギやハブといった生き物たちは、数百万年の間、ほかの陸域と切り離された中琉球の島々で生き続けてきたのです。

6　山のない島、山のある島——低島と高島

ここまで見てきたように、沖縄の島といっても、中琉球の島（沖縄島や周辺離島）と南琉球

の島（宮古諸島と八重山諸島）には、大陸とのつながりと分断の歴史に大きな違いがあります。そのため、中琉球と南琉球では、見られる生き物にも大きな違いがありました。また、南琉球の島の中でも、宮古諸島と八重山諸島では生物相に違いがあります。加えて、沖縄県に属している島々には、尖閣諸島と、大東諸島の島々もあります。これから少しずつ紹介していきますが、尖閣諸島や大東諸島の島々の生き物は、中琉球や南琉球の島々の生き物と、異なった来歴をもっています。こんなふうに、沖縄の島々は、大きく五つ（「沖縄諸島」「宮古諸島」「八重山諸島」「尖閣諸島」「大東諸島」）に区分でき、その区分によって見られる生き物に違いがあることになります。

そうした地域の区分に加えて、どの区分に含まれる島にも、大きく「山のない島」と「山のある島」、すなわち低島（ていとう）と高島（こうとう）に二分できます。

簡単にいえば、もともとはサンゴ礁だったところが隆起してできた、全体的に平たい島が低島です。もともとサンゴ礁だったならば、かつては島全体が海面下にあった時代があるということになります。低島には山がありません。また、地表部に目立った川も見られないのが特徴です。全体が平坦（へいたん）であるため、耕作地に改変しやすく、古くから人為によって大きく自然が変容している島が多いことも特徴としてあげられます。

それに対して、山や川が見られるのが高島です。なお、沖縄島は、低島と高島が複合的にあわさっている島の例となります。沖縄島の北部は高島的であり、中南部は低島的です。

自然地理学ではどのように高島と低島を区分しているかを、自然地理学者の目崎茂和さんの著書から引きます。

高島　山地・火山地が存在することが条件であるが、小さい島の丘陵地は山地と考えられるところがあるので、山地・火山地・丘陵地が60％以上の面積を持つ島。

低島　山地・火山地が存在しない。丘陵には段丘起源のものがあるので、丘陵と台地・段丘と低地で90％以上を占め、高度も200メートル以下の低平な島。

例をあげてみましょう。屋久島は山地が占める割合は83％であり、西表島も山地が69％と、いずれも高島に分類できます。また渡嘉敷島は小さいながらも、丘陵が92％で、やはり高島に分類されます。

一方、宮古島は台地・段丘が90％を占め、竹富島は台地・段丘が100％で、これらは典型的な低島といえます。

沖縄島の場合は、先に触れたように低島と高島が複合的にあわさった島で、高島的環境が60％を超しますが、同時に低島的環境もそれなりの割合を占めています。

さて、低島と高島では、たとえ同じように中琉球に属していたとしても生物相がずいぶんと異なっています。

これは低島の場合、かつて一度、完全に海面下にあった時代があったためです。低島で見られる生き物は、島が隆起後に、近くの陸地から移動してきたものに限られてしまいます。また、山や川のない平坦な島では、生き物にとっての棲息環境が限られています。たとえ隆起後に島に渡ることができても、定着できない場合があるのです。

具体的な例をあげてみましょう。低島の場合、高島に比べて、降水量が少ない傾向が見られます。奄美大島と隣り合っている喜界島（きかいじま）では、奄美大島の名瀬（なぜ）市の年間降水量が２８３７ミリであるのに対し、喜界島のそれは１８５０ミリという値となっています。こうした環境の違いは、島で定着しうる生物種を限定的にするでしょう。例えばシダ植物を見てみます。シダ植物は一般に温暖で湿潤な環境を好みます。このため、その地域にどれだけのシダの種数が見られるかは、その地域の気候を表す指標ともなっています。全世界のシダ植物と花をつける種子植物の割合は、１：20なので、ある地域のシダ植物と種子植物の割合を、この値と比べてみるわけです。ある地域のシダ植物の種数を20倍した値を、その地域の種子植物の種数で割った値をシダ係数といっています。この値が１であれば、世界のシダ植物と種子植物の割合と同一であるということになります。本州のシダ係数は１・７、より温暖な地域である九州のシダ係数は２・５です。雨が多く暖かで植物の多様性の高いことで有名な屋久島は４・２にもなります。沖縄の島々では、沖縄島で４・05、西表島で３・87、石垣島で３・87といった高い数値が見られる一方、低島である粟国島（あぐにじま）では１・57、多良間島（たらまじま）では１・17、竹富島では１・３という数値となっています。低島はシダ植物にとっては、暮らしにくい環境なのです。

さらに全体が平坦な低島は、相対的に人為による改変が大きい特徴もあげられます。そのため、低島は、過去に絶滅してしまった生き物も少なからず存在していると考えられます。こうした例の一つとして、奄美諸島の与論島では、江戸時代以降の遺跡から、現在は見られない両生・爬虫類の骨が見つかっている事例があげられます。与論島で見つかった骨の研究から、過去には固有種がいたこともわかり、その絶滅固有種に、ヨロントカゲモドキと名がつけられています。

ここまでの話をまとめてみましょう。みなさんが、沖縄のとある島を訪れるとします。その島で見られる生き物は以下のような区分による違いがあるということです。

海洋島か、大陸島か（大東諸島が海洋島、残りの島々は大陸島）。

中琉球の島か、南琉球の島か（南琉球では宮古諸島か、八重山諸島か）。

低島か高島か。

7　亜熱帯の緑の島という不思議

「沖縄は一年中、湿度が高い」

そんなふうに思われているかもしれません。

確かに、梅雨頃の湿気はかなりのものです。ただし、沖縄の森の中が、年中、湿気ているかというと、そうではありません。特に、梅雨が明けた後、7～9月は、高温のため、蒸発が起こりやすい季節です。この時期に台風による降雨がない場合は、森の中が乾燥し、生き物の姿が一時的に見られなくなります。10月以降、少し涼しさが感じられる頃になると、また降雨が見られるようになり、森の中には生き物たちの賑（にぎ）わいが戻ってきます。

秋から春にかけて、沖縄は曇り空が多く、森の中も湿り気が多い季節です。ただし、冬の沖縄は大陸からの冷たい季節風が強く吹き、南の島といえども気温は低下します。このため、最寒期の12～2月は、森の中に入っても、生き物の姿をそう見かけません。つまり、沖縄の森で多様な生き物の姿を見ようと思ったら、3～6月か、10～11月がベストシーズンといえそうです（もちろん、生き物の種類によって、出現期に違いがあります）。

ところで、「奄美大島、徳之島、沖縄島北部および西表島世界自然遺産」の選定にあたって作成された推薦書の「遺産地域の概要」にあげられた地域の特徴には、次のように書かれています。

「推薦地は黒潮と亜熱帯性高気圧の影響を受け、温暖・多湿な亜熱帯性気候を呈し、主に常緑広葉樹林におおわれる。（中略）推薦地は、多くの固有種や絶滅危惧（きぐ）種を含む独特な陸域生物にとって、全体として世界的にかけがえのなさが高い地域であり、独特で豊かな中琉球および南琉球の生物多様性の生息域保全にとって最も重要な自然の生息・生育地を包含した地域である」

この文章の中の「亜熱帯性高気圧」という言葉に少し着目してみましょう。

亜熱帯性高気圧という言葉の意味を知るためには、地球全体の大気の大循環から見ていく必要があります。

地球上で最も暖かな地域は、いうまでもなく赤道付近の熱帯地域です。赤道付近では、暖められた空気が上昇し雲を作るので多雨地域ともなります。赤道付近では次々に暖められた空気が上昇してくるため、空気は押し出されるように高緯度地域に移動し、さらには地表へと下降することとなります。北半球の場合、北緯20度から30度にかけての一帯が、赤道で上昇した空気が押し集まって高気圧となり、地表へと下降してくるところです。この一帯のことを亜熱帯高圧帯と呼んでいます。

亜熱帯高圧帯は高温で乾燥した下降気流が見られるため、大陸内部では乾燥地帯となります。ためしに地図帳なり、地球儀なりで、沖縄と同緯度にある地域を見てみましょう。那覇は北緯26度13分、石垣は北緯24度20分です。エジプトのルクソールはほぼ同緯度の北緯25度68分に位置しています。そのルクソールの年降水量はわずか2ミリほどしかありません。亜熱帯というのは、言葉のイメージと裏腹に、「乾燥地帯」であることが一般的なのです。しかし、沖縄は乾燥地帯ではありません。これは、海に囲まれ、海洋性の気候の影響を受けることと、アジア大陸の東岸に位置し、モンスーンと呼ばれる季節風の影響を受け、梅雨や秋雨という一定の降雨を伴う時期が見られるせいです。加えて、夏場の台風による降雨もあります。

世界的に見れば、乾燥地が広がっている亜熱帯域にあって、豊かな緑に覆われているということが、沖縄の島々の特異性です。さらに、沖縄の島々は先に書いたように大陸島であり、地史の中で、同じ琉球諸島の島々の中でも、異なった陸域との接続、分断の複雑な歴史があるので、地域全体できわめて多様な生き物が見られるようになっています。これが、奄美大島、徳之島、沖縄島北部および西表島が世界自然遺産として認定された理由です。

8　泥の海からサンゴの海へ

中国大陸の縁に花綵（かさい）のように連なっている島々が日本列島や琉球列島と呼ばれる島々です。地球の表面を構成している地殻は、大陸を構成している花崗岩（かこうがん）質の大陸地殻と、海洋底を構成している玄武岩（げんぶがん）質の海洋地殻に二分されます。また、地殻は、その下にある上部マントルとともに、いくつかのプレートと呼ばれる区域に分けられ動いています。プレートも大陸プレートと海洋プレートに二分され、世界全体では大きく14～15のプレートが知られています。海洋プレートは海嶺（かいれい）で生み出され、海洋底を移動し、大陸プレートにぶつかるところで、その下に潜り込むように沈み込みます。この沈み込む場所が海溝です。日本近海には、ユーラシアプレート、北米プレート、フィリピン海プレート、太平洋プレートと四つものプレートが存在するため、地震や火山が多く見られます。そして、日本列島や琉球列島は、海洋プレートが海溝で大陸プレートの下に潜り込む際に、プレートの上の堆積物が大陸側にくっついた（付加した）、付加体と呼ばれる構造が基本であると考えられています。

沖縄付近の海底地形図を見てみると、琉球列島の西側には南西諸島海溝が南北に走っているのがわかります。この南西諸島海溝の西側に位置しているのが、フィリピン海プレートです。琉球列島は、海溝のすぐわき、ユーラシアプレートの縁に位置しています。ところが、沖縄の島々の中でも、ほかの島々と南西諸島海溝を挟んだところ、すなわちフィリピン海プレート上に位置しているのが大東諸島です。大東諸島は琉球列島の島々のように付加体できているわけではなく、ハワイと同じく、海洋プレート上にできた火山起源の島です。

次に琉球列島の西側に目を向けてみましょう。海底地形図を見ると、中国大陸から東シナ海にかけて、大陸棚が広く張り出しているのがわかります。大陸棚は水深が２００メートル以浅の比較的浅い海底で、氷河期には、その大部分が陸地化したところです。海面が低下し、大陸棚が陸化した場合、台湾は中国大陸とひとつながりになっただろうことが、海底地形図から読み取れます。さらに尖閣諸島は大陸棚の端に位置していて、その位置関係から琉球列島の島々よりもずっと、中国大陸の生物相の影響を受けたであろうことも、海底地形図からは見えてきます。

海底地形図を見たときに、中国大陸から張り出している大陸棚と、琉球列島の間に存在しているのが沖縄トラフと呼ばれる最深で2000メートルになる深い溝です。この溝は、フィリピン海プレートがユーラシアプレートに潜り込む際に、大陸側の地殻が伸びて沈降してできたものだと考えられています。この沖縄トラフと呼ばれる溝ができたことによって、琉球列島の島々のうち、中琉球は大陸から切り離されたわけです。つまり、この沖縄トラフの形成時期が200万年前以降と考えられているのです。

ところで、中国大陸には、揚子江や黄河（こうが）という大河があり、河口に面した海は、大河から流れ出る泥の影響を強く受けます。もし、那覇の街中で、基礎工事をしている工事現場に出会ったら、ちょっとのぞいて見てみましょう。鼠色（ねずみいろ）をした粘土質の基盤を掘り下げて鉄筋を埋め込む工事が行われているのが見て取れます。この粘土層は、島尻（しまじり）層と呼ばれる中国大陸の大河から流れ出た泥の堆積した地層です。沖縄といえば、サンゴ礁の発達したエメラルドブルーの海を思い浮かべますが、時代をさかのぼると、海底に泥が厚く堆積するような、濁った海が広がる時代が長く続いたのです。この中国大陸起源の泥の堆積する海が、透明な海へと変わったのも、中国大陸との間に、沖縄トラフが形成されたことによっています。琉球列島の中の低島の基盤を作っている琉球石灰岩も、沖縄トラフ形成後に発達したサンゴ礁が元となっているわけです。

低島的環境である沖縄島南部では、この泥の海で堆積したクチャと呼ばれる泥岩層の上に、サンゴ礁起源の琉球石灰岩の層があり、その上にさらに島尻マージと呼ばれる赤土が堆積しています。低島的環境の沖縄島中南部には大きな河川は見られませんが、空隙(くうげき)の多い琉球石灰岩がスポンジのように雨水を吸い込み、それがより下層の緻密(ちみつ)で水を通しにくい泥岩層には浸透せず地下水脈となり、崖(がけ)などがあると、石灰岩と泥岩の境界から地下水が湧き出す様を見ることができます。

また、石灰岩の上に見られる島尻マージと呼ばれる赤土は、中国大陸から風に飛ばされてきた風成塵(ふうせいじん)が起源であると考えられています。地球全体が寒冷で乾燥していた、氷河期の7万〜1万年前は、大陸棚が広く陸地化したため、琉球列島に近い位置に広大な塵(ちり)の供給源が広がっていたのです。

このように、島々の足元に広がる土壌や岩石の成り立ちは、地球規模のプレートの動きや気候変動が大きく関わっています。

9 サンゴとサンゴ礁

サンゴ礁が発達するには、次の三つの条件が必要だということを、サンゴ礁の生き物の研究者である本川達雄(もとかわたつお)さんが本の中で示しています。

・水温が18・5度以下にならないこと
・水深が約40メートル未満の浅い海であること
・水が透明であること

こうした条件は、いずれもサンゴが褐虫藻(かっちゅうそう)を共生させていることと関係しています。

サンゴは、イソギンチャクやクラゲと同じく腔腸(こうちょう)動物に分類されます。ごく簡単にいえば、イソギンチャクが群体を作り、さらに石による骨格を作るようになったものがサンゴだといえます(なかには石のように硬い骨格を作らないサンゴもありますが)。サンゴの中でも、沖縄の島々の海岸を縁取るのは造礁サンゴといいます。宝石として利用される宝石サンゴは水深数十メートルから数百メートルにかけての海底で暮らしていて、造礁サンゴとはグループも異なるサンゴの仲間です。

造礁サンゴの特徴は、先に触れたように、体内に褐虫藻と呼ばれる単細胞の藻類を共生させ、この褐虫藻が光合成で作り出した栄養を利用していることにあります。光合成には何よりも太陽光が必要です。そのため、サンゴ礁の発達には、海水が透明である必要があります。サンゴ礁は世界の熱帯、亜熱帯海域で見られますが、熱帯、亜熱帯域にあっても、アマゾン川やガンジス川のような大河の河口域には見られません。川が運んでくる泥などで、海水の透明度が下がるためです。また真水の流入による塩分の低下もサンゴ礁の発達を妨げます。結果、サンゴ礁は海の真ん中の島々の周辺でよく発達することになるわけです。沖縄の島々の中でも、低島である宮古諸島には目立った川がないため、海の透明度が高くなります。宮古島周辺の海を宮古ブルーなどと特別な名をつけて呼んだりするのはこのためです。

ところで、東京湾は濁った色をしています。けれど、それは豊かな海であるという現れでもあるのです。東京湾が濁った色をしているのは、東京湾に注ぐ川から栄養塩が多く流入しているためで、その分、プランクトンも多く発生して濁りの原因になります。多様な魚介類が育つ海であることも意味します。東京湾沿岸で、古くから寿司をはじめとした、江戸前の魚を使った料理が発達したのも、そのような背景によっています。

実は、サンゴ礁が発達している海域は、貧栄養の海なのです。そのような貧栄養の海であるものの、サンゴ礁が発達することで、サンゴの作り出した栄養を元にした多様な生き物たちが見られる楽園となっています。そのため、島々の海にとってサンゴ礁は生命線といえます。無秩序な開発で、陸上から粒子の細かな赤土が海に流れ出すと、海の透明度が下がることになります。はたまた陸上の耕作地に投与した肥料が海に流れ出すと、本来貧栄養だった海でプランクトンが大量に発生するでしょう。こうしたことが、サンゴにダメージを与えます。サンゴが褐虫藻と共生するためには、一定以上の海水温が必要なのですが、海水温が高温になりすぎても、共生している褐虫藻がサンゴから抜け出し、白化と呼ばれる現象が起きることがわかって

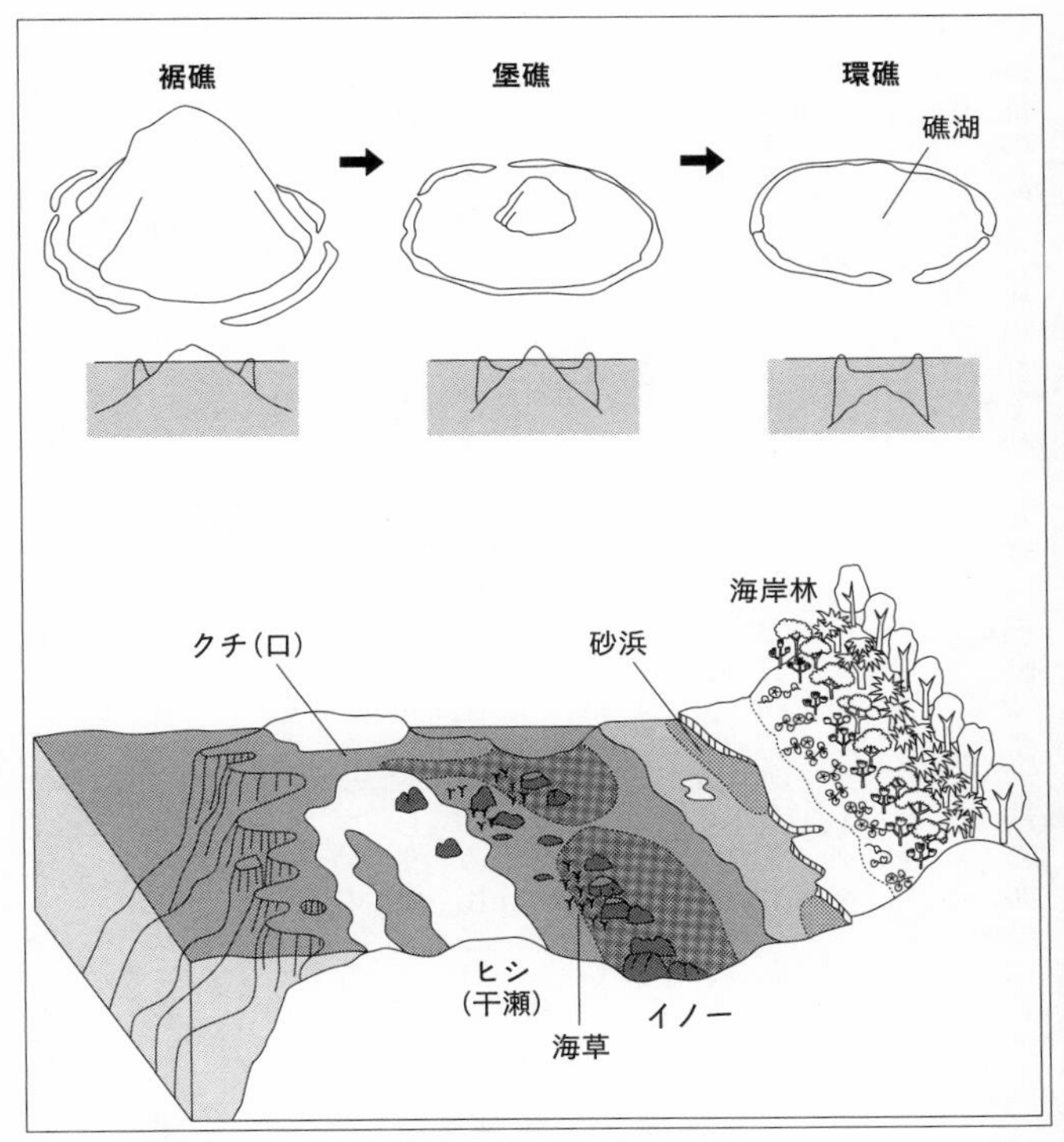

サンゴ礁地形図（渡久地・吉川1990をもとに改変）

います。島々で起こる環境破壊だけでなく、温暖化という地球規模の環境変化も、サンゴ礁に大きな影響を与えることになります。

島々を取り囲むサンゴ礁の観察から、サンゴ礁の区分を最初に提唱したのは、進化論の提唱者として有名なダーウィンです。

ダーウィンは、ビーグル号で太平洋の島々をめぐるなかで、サンゴ礁に環礁（かんしょう）、堡礁（ほしょう）、裾礁（きょしょう）の区分があることを見分けました。この、サンゴ礁の区分について、少し説明をします。

海洋プレート上に、火山島が生み出されたとします。

透明度の高い、熱帯、亜熱帯地域に火山島が生み出されると、島の周りの浅い海にサンゴ礁が形成されます。こうして、島の縁に沿ってできたサンゴ礁を裾礁と呼びます。

この火山島が、火山を生み出す活動が弱まったことで、徐々に沈降していったとします。すると、島は徐々に小さくなっていくとともに、島を取り囲むように形成されたサンゴ礁は、島の沈降に伴い、上へ上へと積みあがるように発達していくため、島と、周囲のサンゴ礁の間に広い海水面が生じるようになります。これが堡礁です。

さらに島が沈むとどうなるでしょう。リング状のサンゴ礁の中には、ただ波の穏やかな丸い池のような海水面が残されることになります。これが環礁です。この環礁の内側の丸い海水面は、礁湖と呼ばれます。

沖縄の島々で見られるサンゴ礁は裾礁です。島の海岸に立って、沖合を見ると、海岸線と平行に、白波がたっているところがあります。この白波がたっているところが、サンゴ礁（リーフ）です。沖縄では、このリーフのことを、ヒシ（干瀬）、ピーなどと呼んでいます。このヒシと海岸に挟まれた波穏やかな浅い海は、イノーと呼ばれています。海岸とヒシがどのくらい離れているかは場所によって異なっています。また海岸に川が注ぎ込んでいると、その沖合ではヒシが発達しません。こうした場所などでは、ヒシに切れ目が生じ、沖合からイノーの中へ小舟などを漕ぎ入れることができるようになります。こうした場所はクチ（口）と呼ばれます。

ヒシの内側のイノーには砂がたまっているところがあり、ウミヒルモやリュウキュウスガモといった海草が見られます。海草は「かいそう」ではなく「うみくさ」と読みます。海藻と異なり、海草は一度陸上に進出した植物が再度、海に生育するように進化したもので、海藻と異なり花を咲かせ種子で増え、根、茎、葉の体制の区分もある植物です。根、茎、葉という体制の区分のない海藻にとって、砂地は生育が難しい場所です。砂地に見られる海藻は、砂の上に転がる貝殻や小石の上に付着して生育しています。こうした暮らしだ

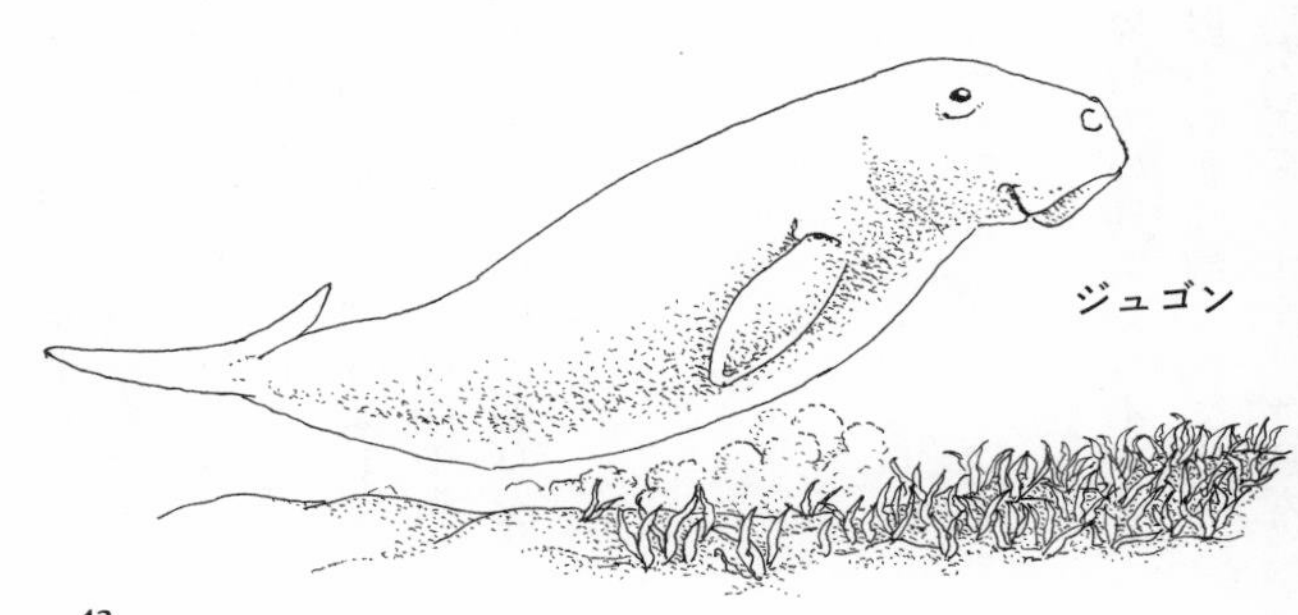

と、砂地全部を利用することはできませんし、波によって打ち上げられてしまう危険性もあります。しかし砂の中にしっかりと入り込む根をもち、光合成を行うことのできない根にも空気や栄養を届けることのできる、器官の分化している海草は、海底の砂地を広く覆うことができます。海草は、海藻の利用できない隙間を見つけ入り込み、繁栄した植物といえるでしょう。

こうした海草の繁栄と並行する形で、この海草を利用する生き物も同時に進化してきました。それがゾウに近縁な草食動物起源と考えられている海牛類のジュゴンです。ジュゴンは潮の満ち引きにあわせて、ヒシのクチを通して、外海とイノーの中を行き来し、イノーの中で海草を食べます。また、ウミガメ類の中でもアオウミガメは、海草が好物です。

10 星の砂の正体

沖縄の島々を訪れた際、海岸で足元に転がる貝殻に目を向け、拾いあげることもあるでしょう。沖縄の島々の海岸で見られる貝殻で、特徴的なことは、シャコガイの仲間など、サンゴ礁の海特有の貝が見られることです。

シャコガイの仲間には、両手を軽く広げたほどの大きさとなる、世界最大の貝であるオオジャコガイも含まれています。オオジャコガイは国際通り沿いの土産物屋の店頭に飾られたりもしていますが、飾られているものは海外産のものです。かつて沖縄の島々でも、オオジャコガイの殻で雨水をためたり、たらい替わりとしたところもありましたが、これに使用していたオオジャコガイの殻はその時代に生きていた貝のものではなく、地球全体がより温暖だった時代に沖縄近海に棲んでいて、化石となったものです。なお、那覇の街中の飲み屋で出されるシャコガイは、手のひらサイズのヒメジャコという種類です。

さて、シャコガイにはオオジャコガイのようにとてつもなく大型になる種類があるわけですが、大型化が可能となっているのは、シャコガイの仲間がサンゴ同様、体内に褐虫藻を共生させ、褐虫藻の光合成産物を利用していることによっています。

サンゴ礁の海には、シャコガイのように、サンゴ以外の生き物でも藻類を共生させる生き方を選んだ生き物が見られます。そうした生き物の一つにホシズナがいます。

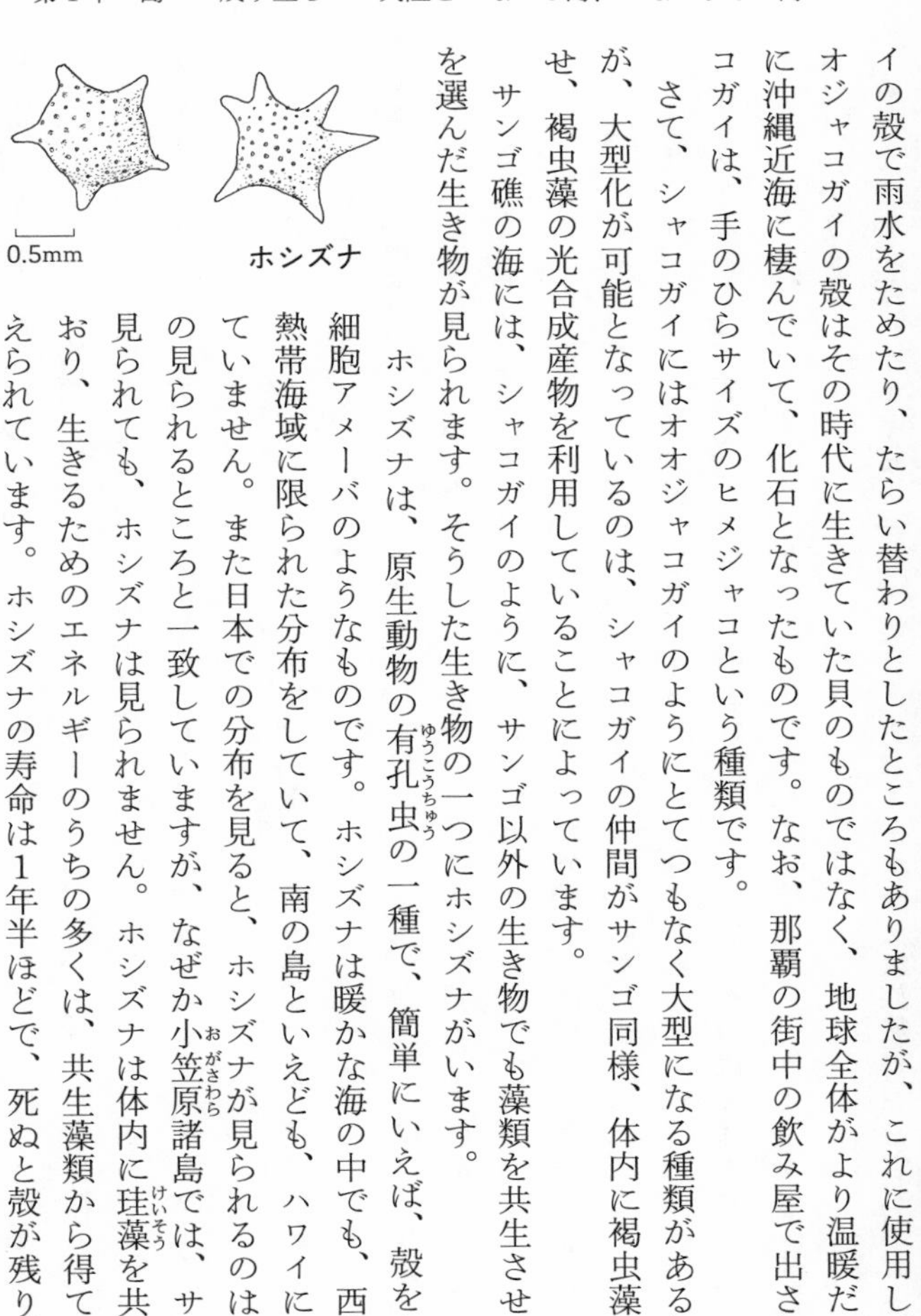

ホシズナ

ホシズナは、原生動物の有孔虫の一種で、簡単にいえば、殻をもった単細胞アメーバのようなものです。ホシズナは暖かな海の中でも、西太平洋の熱帯海域に限られた分布をしていて、南の島といえども、ハワイには分布していません。また日本での分布を見ると、ホシズナが見られるのはサンゴ礁の見られるところと一致していますが、なぜか小笠原諸島では、サンゴ礁は見られても、ホシズナは見られません。ホシズナは体内に珪藻を共生させており、生きるためのエネルギーのうちの多くは、共生藻類から得ていると考えられています。ホシズナの寿命は1年半ほどで、死ぬと殻が残り、南の島を取り囲む、海底の白い砂の一部となり、これもエメラルドグリーンに見える海を生み出す要因となります（土産物屋で販売されている形の整ったホシズナは、生きたものを採取し干したものです）。ホシズナは名の通り小さな生き物ですけれど、棲息数が多いこともあってその生産力は大きく、1年間に1平方メートルあたり700グラムの炭酸カルシウムを生産するといわれています。

ホシズナや、サンゴなどのかけらなど、生物起源の炭酸カルシウムが主成分となる島々の砂浜は白い色をしています。

ただし、沖縄の白い砂浜に立った時、それが自然海岸であるかどうかには注意が必要です。そして沖縄は土地が限られていることもあって、海岸の浅瀬は次々に埋め立てられています。埋め立てた先に、新たに人工のビーチが作られることがよくあります。この人工ビーチ造成に使われる砂は、慶良間諸島近海の海底からくみ上げた砂です。沖縄島西海岸には〇〇ビーチ、△△ビーチと名付けられた海岸が点在していますが、こうしたビーチには、人工のものが少なくありません。人工ビーチの砂は水深数十メートルの深さからくみ上げているので、自然海岸で打ちあがる貝とは、異なった種類の貝殻が含まれています。その代表はイササヒヨクという、小さなホタテガイのような形の二枚貝です。この貝が含まれているかどうかは、注意深く見てみればわかります。

ハワイの有名なワイキキビーチも、実は人工ビーチです（家族旅行でしぶしぶでかけたワイキキビーチでの見聞が役に立って、このことに気づけました)。ハワイは太平洋の真ん中に生まれた火山島です。そのため、海岸の砂は、本来、溶岩が細かくなった黒っぽい砂からなっています。しかし、ハワイを訪れる観光客にとって、南の島の「ビーチ」は白いものというイメージが強いからでしょう。ワイキキビーチは、わざわざアメリカ本土から白い砂を運び込んで作られているそうです。沖縄の海岸の場合、本来白い砂浜が普通に見られるわけですが、ここでも、自然海岸ではない「ビーチ」が多数見られるようになってしまっているということです。

島の区分、島の成り立ち、島を取り囲む海の概要を見てきました。いよいよ、それぞれの島の生き物たちについて見ていきましょう。

第2章　沖縄諸島の島々
箱舟に乗った生き物たち

1 沖縄諸島の島々

沖縄諸島は、奄美諸島やトカラ列島の宝島・小宝島とともに中琉球に含まれます。

本書では主に沖縄諸島の生き物について紹介をしていきますが、それに先立ち、沖縄諸島および奄美諸島にはどんな島々が含まれるのかについて見ておきましょう。

奄美諸島の主島は奄美大島で、その面積は718・4平方キロと沖縄島の59％ほどです。南北に細長い沖縄島に比べて島に幅があり、沖縄島よりも山深い感じのある島です。また人口は6万人あまりと、沖縄島が100万を超える人口を抱えるのに比較すると、ずいぶんと少なく、その分、自然が豊かに残されている島だということができます。最高峰も、沖縄島の最高峰の与那覇岳（よなはだけ）（503メートル）に比べて、奄美大島には、より標高の高い湯湾岳（ゆわんだけ）（694・8メートル）があります（徳之島の最高峰は井之川岳の644・8メートル）。ケナガネズミやイボイモリ、ハブなど、沖縄島と共通する生き物が見られる一方で、奄美大島にはアマミノクロウサギやルリカケスなど、沖縄の島々では見ることのできない生き物たちが棲息しています。また、イシカワガエルは、かつて沖縄島のものと奄美大島のものは同種として扱われていましたが、現在、それぞれオキナワイシカワガエルとアマミイシカワガエルというように、別種として扱われるようになりました。また、ハブも沖縄島のものより、徳之島や奄美大島のもののほうが、攻撃性が強いといわれています。中琉球としてひとくくりにされるように、奄美大島と沖縄島には見られる生き物に共通点がありつつも、違いもあるのです。

奄美諸島のうち、奄美大島同様に高島で、かつ面積も大きな島が徳之島です。ただし徳之島の場合、やや低島的要素も含まれており、サトウキビ畑も広がっています。徳之島で見られる生き物は、基本的に奄美大島のものと共通しています。

奄美諸島にはこのほか、加計呂麻島、請島、与路島といった、奄美大島に近接する高島があります。また、喜界島、沖永良部島、与論島は奄美諸島に含まれる、有人の低島です。このうち与論島は沖縄島北端から遠望でき、文化や歴史の中では、沖縄島と交流の深かった島です。

沖縄諸島の主要島はもちろん、沖縄島です。沖縄島中南部は平坦地が多いのですが、恩納村以北は山がちになります。沖縄島の周りには、いくつもの離島があり、これらをあわせて沖縄諸島と呼んでいます。また、沖縄島と距離的に近い島には、次々と橋が架けられ陸続きとなっています。

沖縄島北部西海岸には、いずれも高島の伊是名島と伊平屋島が浮かんでいます。沖縄島北部の中心地である名護から東シナ海に向けて突き出しているのが本部半島ですが、その沖には伊江島があります。沖縄島東海岸には勝連半島が海に向かって伸びていますが、その半島先端部の沖に、宮城島、浜比嘉島、伊計島、そして少し離れて津堅島といった与勝諸島の島々があります。また、津堅島のもう少し南には、久高島があります。これらの島々はいずれも低島で、また与勝諸島のうち津堅島を除いた島は現在、沖縄島との間に橋が架けられています。那覇から見える位置にあるのが、慶良間諸島の島々です。渡嘉敷島、座間味島、阿嘉島といった小さいながらも高島からなる島々です。沖縄島の西海上、約１００キロの位置にある久米島は沖縄諸島の中では沖縄島に続く面積のある高島で、後述するように固有のヘビやホタルの棲息する島です。久米島と沖縄島の間には、粟国島や渡名喜島といった島もあります。

2　キジムナーの住処――ガジュマルの秘密

沖縄を代表する妖怪のキジムナーは、クワ科のガジュマルの木を住処にすると伝承されてきました。縄をからまりあわせたようなフォルムの樹幹と、枝からひげのように垂れる何本もの気根という独特の姿をしたガジュマルの古木は、いかにも「もののけ」が住んでいそうです。

ガジュマルは那覇の街中の公園や学校の校庭にも植えられていて、沖縄の人々にとって最も身近な木の一つとなっています。試しに沖縄県内出身の大学生を対象に、「最も身近な木は何か？」というアンケートをとったことがあります。その回答結果は、60％近い学生がガジュマルの名をあげ、2位にあがったデイゴの9％、3位のマツの7％を大きく引き離す結果となりました。

小ぶりで厚い葉をつけるガジュマルは、枝先に、直径1センチ程度の丸い実をたくさんつけます。「最も身近な木」として認識しているだけあって、県内出身の大学生は、この実のことも知っています。ところが、「ガジュマルの花を見たことがあるか？」と問うと、とたんに皆、首をかしげてしまうのです。実がなるならば、花も咲いているはずなのですが、身近な木であるはずなのに、その花を見たことがないというわけなのです。これは、ガジュマルの花が隠れて咲いていることによっています。

ガジュマルはイチジクの仲間（クワ科イチジク属）です。イチジクは漢字で無花果と書きます。ガジュマルと同じく、花が隠れて咲くために、このような漢字名となっているのです。では、ガジュマルやイチジクの花は、どこに隠れているのでしょう？

ガジュマルの枝をよく見ると、緑色をした硬い小さな丸い「実のようなもの」がついていることがあります。これが、花の隠れ場所です。この丸い「実のようなもの」は、やがて大きくなり、黒紫に熟します。つまり「ガジュマルの実」になります。しかし、「ガジュマルの実」

ところで呼んできたものは、正確にいうと実ではありません。これは、花嚢（かのう）（果嚢）と呼ぶものです。ガジュマルの花嚢を割ってみましょう。中に小さな粒々があるのが見えますが、この粒々一つ一つが、本当の実なのです。ガジュマルは、花嚢と呼ばれる袋状のものの中に隠れるように、小さな花が多数咲き、それがやがて実となり、中に種子をつけます。そしてその小さなたくさんの実をいれた花嚢が、本当の実のように熟れて色づき、柔らかくなり、種子の散布者となる鳥や動物をひきつけるわけです。

なぜ、ガジュマルの花は、花嚢の中に隠れたようにして咲くのでしょう。花が実になるためには受粉が必要で、受粉のためには花粉の媒介者が必要となります。多くの種子植物では、目立つ花びらをつけ、蜜（みつ）やにおいで、ポリネーター（花粉の媒介者）として働く虫を引き寄せています。ガジュマルの花が隠れて咲くのは、ポリネーターをわざわざ引き寄せる必要がないからです。ガジュマルを含むイチジクの仲間は、専属の昆虫（コバチの仲間）を共生させることで、花粉の媒介を行っています。

まだ若い花嚢の中に、小さな花がたくさん咲きます。この花嚢の頂部にはコバチだけが入り込めるような入り口があって、花粉をつけたコバチが花嚢の中に潜り込むことによって、中に隠れて咲いている花もきちんと受粉して種子を作ります。でも、どうしてコバチはわざわざ花嚢の中に入り込むのでしょうか。それは花嚢の中の花の一部は、種子を作るのではなく、コバチが育つための花となっているためです。コバチは授粉のためではなく、産卵のために花嚢内を歩きまわり、結果としてガジュマルの受粉のために働くことになります。ガジュマルのほうは、一部の花を犠牲にすることで、ほかの花の受粉を確実に行う仕組みを手に入れているのです。虫を育てるための花に産み付けられたコバチは孵化して、花の子房を食べて育ちます。コバチの幼虫は、一つの花から出ることなく、その中で育ち、蛹化しやがて羽化するのです。また、羽化したオスのコバチはメスのコバチと交尾すると、花嚢から外に出ることなく死んでしまいます。そのためコバチのオスの成虫には翅がなく、一見、ハチとは思えない姿をしています。一方、コバチのメスには翅があり、交尾をしたのち、花嚢の頂部にある出入口から外に出て、新たな若い花嚢の中に入り込み産卵をします。また、メスのハチが羽化して外に出る頃に、花嚢の出入口付近に雄花が咲き、外に出ていくメスのハチの体表に花粉を付着させる仕組みになっています。

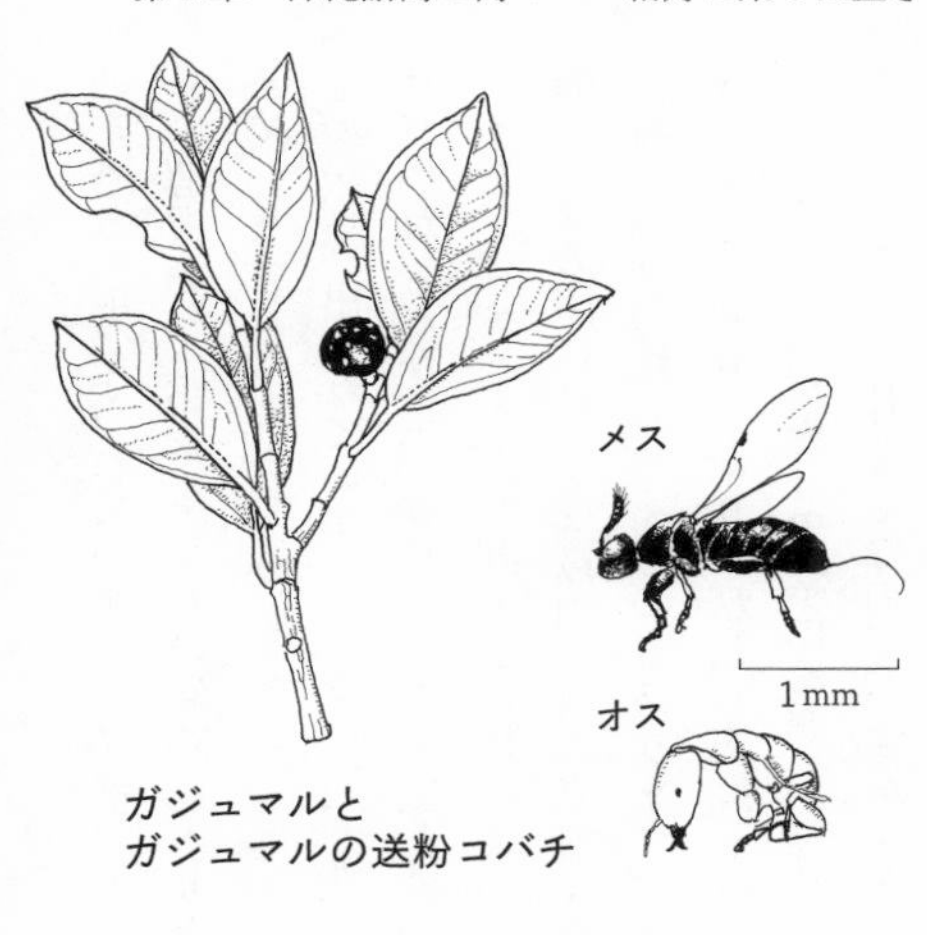

ガジュマルと
ガジュマルの送粉コバチ

まったく、見事な共生関係です。こうした関係は一朝一夕にできあがったものではなく、おそらく、最初はイチジクの仲間の花に寄生していたコバチが、長い年月の間に、共生的な関係へと変化していったのだろうと考えられています。イチジクの仲間には、それぞれに専属のコバチが見られ、遺伝子の解析からは、イチジクの仲間とポリネーターのコバチは共進化してきたことも明らかにされています（なお、現在栽培されているイチジクは、人間の手によって、コバチの授粉の必要がないものが選び出されています）。さらに、ガジュマルの花嚢の中で暮らすコバチに寄生するオナガコバチがいるなど、ガジュマルと虫との間には、大変複雑な関係が見られます。

また、イチジクの仲間でも種類によって、イヌビワやオオイタビなど、虫を育てるための花嚢（花嚢の中には、メス成虫が飛び立つときに花粉をつける雄花が咲く）と、受粉して種子を作る花嚢が別々の株につくものもあります。ガジュマルの花嚢は熟すと、本当の果実のように色づき、柔らかく甘くなり、私たち人間も食べることができます。イヌビワの場合は、雌株（種子を作るほう）の花嚢は黒紫色に熟し、甘くなって食べることができますが、雄株（虫を育てるほう）の花嚢は、甘くもならず、すかすかで、食べることはできません。イヌビワのように雌雄異株の場合、雌株の若い花嚢に入り込んだコバチは授粉のために働きますが、まったく産卵はできず、花嚢内で死んでしまうことになります。

専属のポリネーターとの共生関係を結んだイチジクの仲間は、暖かな地方では年間を通して実（花嚢）をつけることができます。年間を通して花嚢をつけるという特質は、多くの鳥や動物を引き寄せることにもつながっています。この結果、花嚢内の小さな種はあちこちに散布されることになります。こうしたことから、イチジクの仲間は、熱帯や亜熱帯地方では繁栄している植物のグループです。

ガジュマルやアコウといったイチジクの仲間は、種子が地面ではなく、ほかの木の樹幹に落ちた場合も生育できる特質があります。これらの木が、ほかの木の樹幹に着生した状態で芽生えると、成長に従い、ほかの木の樹幹を、自分の幹で覆いつくし、やがてその木を枯らしてしまうこともあります。そうしたことから、この仲間は、「絞め殺し植物」という物騒な異名ももっています。ガジュマルはほかの木だけでなく、岩場など、普通の樹木が生えにくいような立地でも、自在な形をとることのできる幹や根を活用して、岩場を覆うようにして生えることができます。街中では、古いコンクリート製の建造物の壁面の隙間などに根を下ろしたものも見られるでしょう。こうしたことから、ガジュマルは、石灰岩の岩場の多い、低島や沖縄島中南部などの低島的環境でよく見ることのできる木となっています。ガジュマルが沖縄県民にとって最もなじみのある木となっているのは、そうした理由があるからです。

沖縄島中南部の森には、ガジュマルやアコウのほかに、ホソバムクイヌビワやオオバイヌビワといった、イチジクの仲間の木々が見られます。また道端など、明るいところには低木状のイヌビワが見られます。岩場や樹木に這（は）い上がるつる植物のオオイタビもまた、このイチジクの仲間です。これらイチジクの仲間は、沖縄島中南部の森の代表の一つといえるでしょう。

特異な姿をしたガジュマルやアコウの木の茂る様を見ると、「ああ、南の島にいるんだな」という実感がわくと思います。では、森にはほかにどんな木々が生えているのでしょうか。

沖縄の島々は大きく低島と高島に分けられるということを、前章で紹介しました。低島と高島では、森の様子も異なっています。その理由の一つに、低島は石灰岩質であることがあげられます。石灰岩地の特徴は、土壌にカルシウムが過剰に含まれ、断崖や露岩が多く、土壌が乾燥しやすいというものです。

沖縄島中南部の森は、先に紹介したようにイチジクの仲間の植物が主役の一つとなっています。ほかには、ヤブニッケイ、タブノキなど、クスノキ科の植物や、オオバギ、クスノハガシワなどのトウダイグサ科の植物も目立ちます。カエデの仲間に共通する翼のある実を見ることがなければ、カエデの仲間とは思えない姿の常緑のクスノハカエデもまた、石灰岩地に見られる樹木の一つです。ただし、低島的環境は、人為の影響も強いので、ギンネムのような移入植物に置き換わったところもよく目にします。

ところで、特有な姿の植物（ガジュマルなど）を目にすることで、その場所が普段過ごしている場所と異なった植物相であることを理解するのは比較的容易ですが、逆にあたりまえの植物を目にしないことで、その場所が普段過ごしている場所と異なった植物相であると気づくのは難しいことです。

低島の森では見ることのできない植物たちがあります。その代表が、ドングリをつけるブナ科の植物です。本土であれば、ブナ科の木が神社や公園などに植えられていることは珍しくありません。東京の街中を歩いていると、ブナ科のマテバシイが街路樹として植えられているのを見かけます。つまり、本土では、季節になれば、ドングリを拾い上げることも、とりたてて珍しいことではないでしょう。ところが、沖縄島中南部では、ドングリを拾うことはなかなかないのです。県内出身の大学生にドングリを拾ったことがあるか聞いてみると、拾ったことがないと答える学生も少なくありません。ブナ科の植物が主役ではないことも、沖縄の低島や低島的環境の森の特徴の一つなのです。

ただし、生き物の世界には例外がつきものです。沖縄島の中でも、石灰岩地に特有に見られるブナ科植物の木というのが存在します。それが、本土で見られるアラカシの亜種にあたる、アマミアラカシです。本土産のアラカシのドングリは丸っこく、日本のドングリの中では一番小さなサイズのものです。ところが、アマミアラカシのドングリは、細長い形をしたものが多く、また、アラカシのドングリよりずっと大きいサイズをしています。このアマミアラカシは沖縄島中南部でも見ることができますし、沖縄島北部でも、本部半島嘉津宇岳（かつうだけ）や大宜味（おおぎみ）村塩屋（そんしおや）、宜野座村漢那（ぎのざそんかんな）などの石灰岩地の森で見ることができます。しかし、石灰岩地であれば、どこで

クスノハカエデ

も生育しているというわけでもありません。例えば、那覇近辺ではアマミアラカシのドングリを拾えるところが見当たりません。そうしたことから、沖縄島中南部出身の学生たちの多くは、ドングリを拾ったことがなかったりするわけです。

3　南の島の巨大ドングリ

今度はやんばると呼ばれる、沖縄島北部の森の主役について見てみましょう。

やんばるの森の中では、ガジュマルやアコウは見当たりません。イチジクの仲間で目にするのは、アカメイヌビワと呼ばれる種類です。イチジクの仲間の花嚢は、枝先以外につくことがありますが、アカメイヌビワは幹だけでなく、根際に花嚢を塊状につけるので、目をひきます。

そして、やんばるの森の主役といえば、なんといってもブナ科の木々です。最も目にするのは本土の暖かな地方で見られるスダジイの亜種オキナワジイです。春、3月にオキナワジイが一斉に開花すると、森は甘いにおいに包まれます。ブナ科の木々は、花びらをもつ花をつけません。雄蕊だけの雄花と、雌蕊だけの雌花が別々に咲き、風で花粉が運ばれるようになっているため、花びらは退化してしまっています。しかし、風媒花のブナ科の中で、シイの仲間は再度、虫媒花へ戻ったため、花びらの代わりに発達した雄蕊が目立つようになり、甘いにおいを出して虫を誘います。秋、オキナワジイは殻斗に覆われた実を実らせます。オキナワジイの実は、本州〜九州のスダジイの実のそれに比べて丸っこい形をしているものが多いのが特徴です。この実はイノシシが好んで食べるほか、拾った実を放っておくと、中からウジ虫状の幼虫がでてきます。ドングリの実を食べるシギゾウムシの仲間の、シイシギゾウムシです。

沖縄島中南部では、ドングリをつける木をほとんど見ないと書きましたが、やんばるの森には、オキナワジイのほかにも、ブナ科の常緑樹であるマテバシイ、ウラジロガシ、オキナワウラジロガシが生育しています。

このうちマテバシイは、細長く、硬いドングリをつける木で、やんばるの森の中では尾根沿いなどで見られます。先に少し触れたように東京近辺では街路樹や公園の植栽樹として利用されるマテバシイですが、沖縄島ではこうした利用は見られません。

ウラジロガシはやんばるの森の中では、ごく少数が点在するにすぎず、ほとんど姿を見かけることのないブナ科の木です。

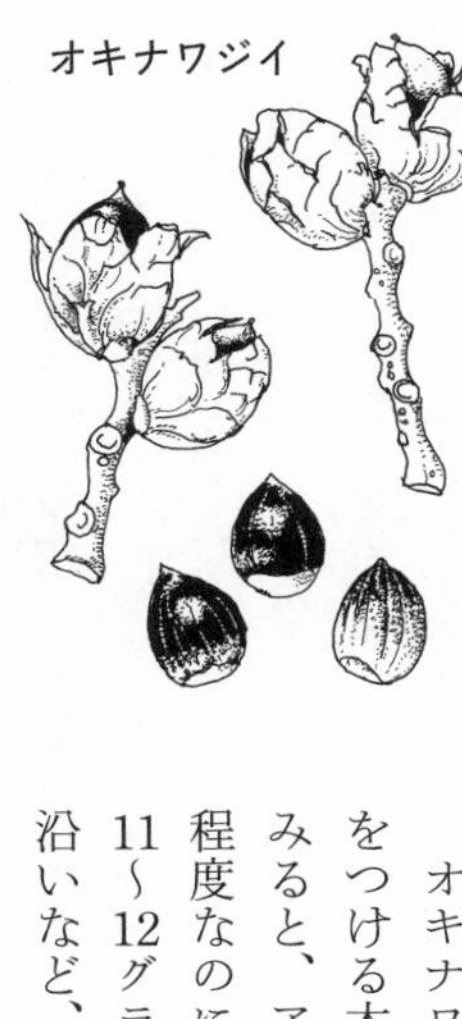
オキナワジイ

オキナワウラジロガシは、日本で一番大きなドングリをつける木として有名です。拾ったドングリを計測してみると、アマミアラカシのドングリは2〜3・5グラム程度なのに対して、オキナワウラジロガシのドングリは11〜12グラムもあります。オキナワウラジロガシは、谷沿いなど、やや湿った森に見られる木で、やんばるの森の中では、シイに比べるとずっと限られたところでしか見られません。もっとも、宜野座村漢那では、現在公園となって整備されている土地の池から、人々が食用とするために採取してザルに入れた状態のオキナワウラジロガシのドングリが出土しています。つまり、かつては現在よりもその生育は広く見られたのではないかと思われます。おそらく、オキナワウラジロガシが好んで生育していた平坦地は、人々によって開拓されやすかったのでしょう。オキナワウラジロガシは奄美大島、徳之島のほか、久米島や石垣島、西表島など、琉球列島の他の高島でも見ることができます。

イチジクの仲間は花嚢の中に多数の小さな種子をつけ、鳥や動物によって種子散布がなされます。ドングリと呼ばれるものは、種子の周りを硬い殻状となった果実が覆う、堅果と呼ばれる果実の仲間で、こうした果実は堅いものをかじって中を食べることに特化している齧歯類の仲間や、カケスなど特定の鳥類によって運ばれます。齧歯類（日本でドングリを運ぶのはネズミの仲間）はドングリを利用しますが、一部は貯食するために母樹の下から運びだして林床に埋め、これが種子散布に働いています。ただし、野ネズミ類によって運ばれるコナラの仲間のド

オキナワ
ウラジロガシ

ングリの散布距離に関する研究では、時に50メートルを超えたことがあるものの、たいていは30メートルほどしか運ばれなかったという結果が出ています。

なお、やんばるの森では、オオサワガニという大型のサワガニの仲間が、オキナワジイの実やオキナワウラジロガシのドングリを食べるという、大変興味深い生態が知られています。カニはドングリを巣穴に持ち運ぶのですが、このとき、ごく短距離かもしれませんが、ドングリの散布に役立っているかもしれません。

オオサワガニ

ところで、氷期、広く氷河に覆われたヨーロッパでは、氷河に追われるように、生き物たちが北方から南方へと移動したことが知られています。その中にドングリをつける木々もあります。ブナ科の植物は、最終氷期には、アルプス山脈の南側まで避難したのち、氷期が終了後、現在の最北地は、氷期より1000キロも離れた場所にまで分布を再拡大しています。

ブナ科の堅果は、このように齧歯類や一部の鳥によって運ばれるため、海を越えて長距離散布されることは困難です。結果、海洋島にはブナ科の植物は見られません。ハワイにはブナ科の植物は分布していないのです。日本領土内の海洋島の代表である小笠原諸島にもブナ科は分布していません。森の中にブナ科の木々が見られるということも、沖縄の島々が大陸島であることを物語っているわけです。

ところで、ブナ科の植物が見られるといっても、沖縄島のブナ科の植物相は、隣り合う日本列島や台湾と比べると、異なった特徴が見られます。

沖縄の島々に分布しているブナ科の植物は、オキナワウラジイ、マテバシイ、ウラジロガシ、オキナワウラジロガシ、アマミアラカシ、ウバメガシの5種類です（このうち、ウバメガシは沖縄島の西海岸沖の伊是名島、伊平屋島に見られます）。日本産のブナ科の植物は全部で22種類（ブナ属2種、マテバシイ属2種、シイ属2種、クリ属1種、コナラ属15種）あるので、沖縄の島々に分布しているブナ科の植物は、本土に比べて種類数が少ないことになります。琉球列島のさらに南、台湾に分布しているブナ科植物は43種（栽培種を除く。シイ属10種、ブナ属1種、マテバシイ属14種、コナラ属18種）なので、琉球列島は両隣の地域に比べてブナ科植物の種数が少ないという特徴があります。

この理由は、前章で紹介した、沖縄の地史や気候変動と関わっています。

沖縄の島々は、中国大陸とつながっていた地史をもちますが、同時に中琉球の場合、かなり古くから中国本土から切り離された地史も併せもっています。ドングリは海上を長距離運ばれることはできないので、沖縄の島々で見られるブナ科の木々は、島々がほかの陸域とつながっていた時代に、陸伝いに伝わってきたものと考えられます。

やがて琉球の一帯は切り離されて島々となりました。気候変動と、それに伴う海面変動で、海面が低下すれば隣り合う島々は陸続きになり、逆に海面が上昇すれば平坦で低い島は水没しました。ヨーロッパでは氷期の気候変動に伴い、植物の大規模な移動があったと考えられているわけですが、島の場合は気候変動があった場合、島の外に移動ができず絶滅が起こりやすいのです。同時に、特にブナ科の植物のような場合は、島への再侵入も難しいのです。こうしたことから、琉球列島の島々では、見られるブナ科の植物の種数が限られてしまったのではないかと考えられています。

興味深いのは、限られたブナ科の中に、琉球列島固有で、かつ日本最大のドングリをつけるオキナワウラジロガシが見られることです。

現在、琉球列島の島々を見渡しても、オキナワウラジロガシのドングリの運び手となるような齧歯類は見当たりません。中琉球にはケナガネズミという日本最大のネズミの仲間が棲息していますが、このネズミがオキナワウラジロガシを貯食しているという生態は知られていません。

琉球列島の中の広い範囲に生育しているということは、かつてこの植物の祖先にあたる種のドングリを、誰かが、八重山から奄美にかけての地域をまたがって運んだことがあったはずです。どこかの時代で、散布者にあたる動物は絶滅してしまったのでしょう。散布者がいなくなった島ではどのようなことが起こるでしょうか。ドングリを地上に落としても、長距離散布することが難しい（そもそも島の場合、海を越えての散布が困難です）のであれば、母樹の下での生存が確実になる方向に選択が働くようになったと予測されます。母樹の下では、一緒に落下したドングリの芽生えによる競争が見られるはずです。少しでも大きなサイズのドングリに、栄養が蓄えられていたほうが、生存が有利になると考えられます。こうして、オキナワウラジロガシは大きなサイズのドングリをつけるようになったのではないでしょうか。例えば、世界最大の果実・種子をつけるフタゴヤシはセイシェル島の限られた立地に見られる植物で、その果実・種子が大きくなったのは、この理由からと考えられています。

やんばるの森の主役はこのようにブナ科のオキナワジイやオキナワウラジロガシですが、古くから人々の住んでいる沖縄島では、人為による長い森の改変の歴史もあります。やんばるの森を歩いていて、リュウキュウマツが生えているところがあったら、それは比較的最近、人為の影響があった一帯だといえます。リュウキュウマツの芽生えは明るいところでしか育つことができないため、自然状態ではリュウキュウマツの林はシイなど芽生えに耐陰性がある木の林に置き換わっていくのが普通だからです。なお、やんばるの森の中で、大きなクスノキがまとまって生えているところにでくわすこともあります。これは、戦前、樟脳（しょうのう）を生産するために植栽されたもので、近くには樟脳を取るために暮らしていた人たちの人家の跡なども見られます。人為の跡ということでいえば、炭焼き窯の跡や、藍（あい）を発酵させるための貯蔵穴の跡なども、しばしば目にすることができます。

こうしてみると、沖縄島の中でまとまった森が残されているやんばるでも、本当の意味で原生的な自然が残されている、オキナワジイやオキナワウラジロガシの巨木が残る一帯は、ごくわずかでしかないことに気づきます。

4　葉っぱのない植物の不思議

日本の気候帯は、亜寒帯、冷温帯、暖温帯、亜熱帯に区分されています。そのうち暖温帯と亜熱帯に広がる森は、シイやカシの仲間を主役とした常緑広葉樹林です。この森は、照葉樹林とも呼ばれています。ただし、本州〜九州の暖地に広がっていた照葉樹林の原生林は、ほとんど人為によって切り開かれ、その断片が鎮守の森などとして残っているのにすぎません。やんばるの森は、人為の影響はあるとはいっても、まとまった形で照葉樹林が残されているという点で、「奄美大島、徳之島、沖縄島北部および西表島」として世界自然遺産に登録されたほかの島々の森と同様、貴重な森なのです。

やんばるの森を歩いてみることにしましょう。

1月、南の島、沖縄といっても、この季節は気温が低く、一時的に虫や両生・爬虫類などの生き物たちの姿が目に留まらなくなる時期です。足元には、こずえから、白い花がまき散らされています。これは、エゴノキの花です。エゴノキは関東地方では梅雨頃に雑木林を染める花をつけますが、沖縄島では早くも年明けには花を咲かせています。

前章で、琉球列島の生き物の分布は、トカラ構造海峡と、慶良間海裂と呼ばれる深い水深の海峡の影響を強く受けていると書きました。しかし、植物の場合は、必ずしもこの海峡の影響を受けません。なぜなら、植物の場合は、風や海流、はたまた鳥によって種子散布が行われることが可能だからです。エゴノキもまた、トカラ構造海峡を越え、分布が見られる植物の一つです。

3月になると、オキナワジイの花が咲き始めます。シイ・カシと並ぶ照葉樹林の構成種であるタブも春、花を咲かせます。また、コバンモチやヒメユズリハなど、森を構成するほかの木々も花をつけ始めます。道沿いの低木、シマイズセンリョウも小さな白い花をつけています。常緑樹は新芽が出るこの時期に、古い葉が落葉します。森の落葉シーズンは春なのです。その傍ら、新たにあちこちで展開し始めた新葉を目にします。落葉広葉樹林では、落葉時に紅葉が見られるのと対照的に、常緑広葉樹林では新葉の展開時に、赤く彩られた木々の新葉を見ることができます。

沖縄島では5月の連休明け頃から梅雨に入ります。梅雨に森を彩るのは、白い花弁のツバキ科、イジュの花です。イジュは南方系の木で、同種か少なくとも近縁の木は、東南アジアにまで分布しています。また、この時期、甘酸っぱい実をたわわに実らせるヤマモモは日本本土と共通する木です。

6月下旬には梅雨が明けます。この頃咲く花にタカツルランがあります。ランの仲間には光合成をせず、したがって葉ももたず、その代わりにさまざまな菌類から栄養をもらい成長する、菌従属栄養植物と呼ばれる生き方を選んだものが少なからず存在します。サルノコシカケなど腐朽菌（ふきゅうきん）の栄養を奪って育つタカツルランは、時に高さ5〜6メートルまで樹木の幹に沿って這い上がり花をつける、世界最大の菌従属栄養植物です。腐朽菌から栄養を取って生きる菌従属栄養植物が見られるのは、その森が、木々の中に年齢を重ねて枯死したものが見られるなど、木々の年齢構成が重層的となっている証（あかし）です。

この季節、ムヨウランの仲間の花も見かけることがあります。菌類と関係をもち、菌類から栄養を得ている植物は、光合成をしないため、葉をもっていません。そのため、こうした菌従属栄養のランは、「ムヨウ（無葉）」ランと呼ばれるわけです。ムヨウランの仲間には、近年になって初めて名前がつけられたものもあります。葉がない、つまり花や実の時期にしか地上部に姿がないムヨウランの仲間には、これまで誰にも気づかれなかったものもあるということです。例えば、やんばるの森で、3月、林床の落ち葉に隠れるようにして咲く、ヤンバルヤツシロ

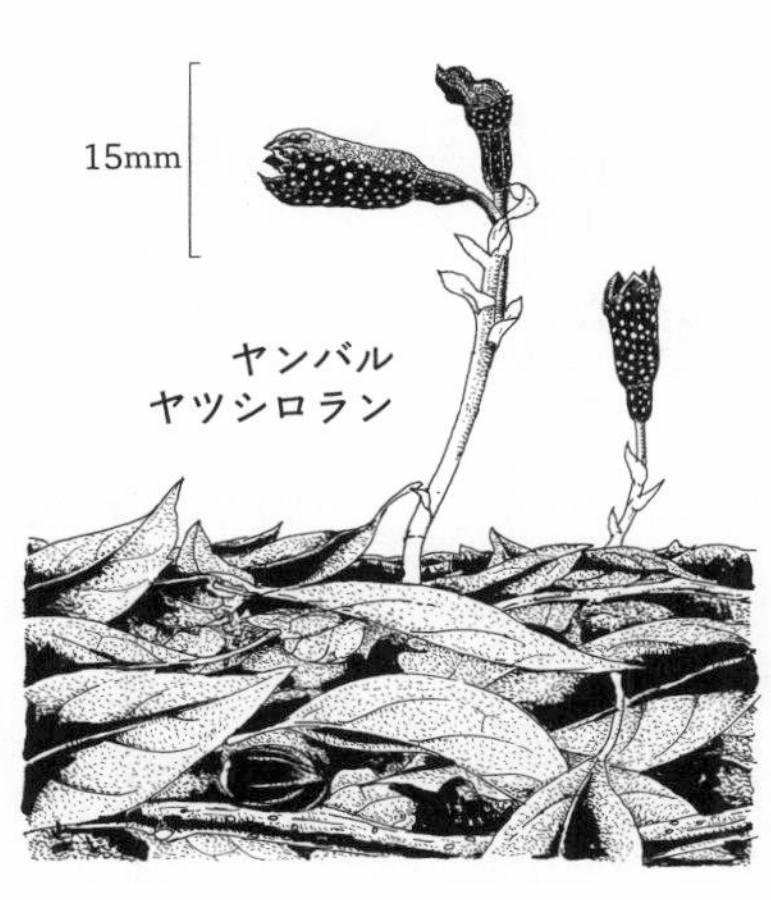

ランは2017年に新種記載された種類です。ヤンバルヤツシロランは花と実の時期にしか姿が地上にないだけでなく、花が咲いているときも、地表からわずか数センチほどの高さにしか伸びておらず、さらに花の色もこげ茶色で、落ち葉の中ではまったく目立たない、そこに咲いていてもなかなか気づけないような植物です。こんな、ちょっと変わった植物たちが見られるのが、照葉樹林の特徴です。

なぜ、照葉樹林には、こうした葉っぱのない植物が見られるのでしょう。

これは常緑の広葉樹である照葉樹林では、年間を通じて林床には太陽光がわずかしか届かず、林床で暮らすうえで、光合成をあてにするのが難しいことが理由になっていると考えられます。菌従属栄養植物には、ラン科以外の植物も含まれています。やんばるの森には、ヒナノシャクジョウ科のヒナノシャクジョウやシロシャクジョウ、さらに沖縄島の固有種でごくまれにしか発見例がない、タヌキノショクダイ科のホシザキシャクジョウといった植物も生育しています。なお、同じく菌従属栄養植物のホンゴウソウ科の植物でも、近年になって、新しい発見がありました。やんばるの森で見られるホンゴウソウ科の植物に、屋久島固有種のヤクシマソウの新変種の存在がわかり、2019年にオキナワソウとして記載されたのです。

沖縄県から記録された野生の種子植物は、『沖縄県史　各論編　第1巻　自然環境』にまとめられたところによれば、1474種にのぼっています。なお、奄美諸島も含む、中琉球と南琉球の固有の種子植物は101種ある（固有率6・9%）とされています。ハワイの場合、在来の植物数は956種で、そのうち固有種は98％にあたるといいますから、大陸島である琉球列島の島々は海洋島であるハワイに比べ、植物種数は多いものの固有率はハワイほど高くはないといえます。

一方、ハワイの帰化植物数は861種にのぼります。それに対し沖縄県の帰化植物数は385種です。ハワイは在来植物に対する帰化植物の割合が、沖縄よりずっと高いことになります。先に触れたように、海洋島は、大陸島に比べ、外来の生き物がはびこりやすいことが、ここにも現れています。ただ、沖縄の島々もハワイほどではないものの、少なくない種類の帰化植物が見られることは確かです。

現在、沖縄のどの道端にも必ず姿を見ることができるといっても過言ではないアワユキセンダンソウも帰化植物の一つです。1965年6月1日付の『琉球新報』の記事によれば、この植物は1955年頃に宜野湾市の大山付近で初めて見つかり、宜野湾市や嘉手納町周辺が初期の発生中心だったということです。そのことから、おそらくこの草は米軍基地から移入されたものでしょう。亜熱帯である沖縄で見られる帰化植物は、日本本土のそれとは異なった種類であることも多く、逆に日本本土でよく見られる外来植物は沖縄ではあまり見かけなかったりします。沖縄では、道端で見かける雑草も、本土とは異なっているのです。

5　ヤンバルクイナの奇跡

「沖縄の動物といったら、どんな動物の名を思い浮かべる?」

学生たちに、そうした問いを投げかけてみます。この問いに対して、最も多い答えが「ヤンバルクイナ」です(以下、イリオモテヤマネコやハブという名があがります)。ヤンバルクイナは沖縄島(もしくは沖縄県)の動物の代表と認知されているわけです。

やんばるの森を歩いていても、ヤンバルクイナの姿はなかなか見ることはありませんが、キョキョキョ……という、ヤンバルクイナの甲高い鋭い鳴き声は、たびたび耳にすることができます。朝方、車で林道を走れば、道路を横切るヤンバルクイナの姿を見ることは、そう難しくはありません。飛ぶことのできない、沖縄島固有種のヤンバルクイナは、1981年に新種として発表されました。なお、新種として発表される以前から、やんばるで暮らす人たちはヤンバルクイナのことを知っていて、アガチといった方言名で呼んでいました。

ところで、ヤンバルクイナにその名が冠されている「やんばる」というのは、いったいどこからを指している地名なのでしょうか?

歴史的に見ると、琉球王国時代は、恩納村以北の地域をやんばると呼称していました。現在では、名護市以北の本部半島も含めた沖縄島北部一帯をやんばると呼ぶことが一般的なようです。しかし、ヤンバルクイナが見られるのは、さらに島を北上し、大宜味村の塩屋湾と、東(ひがし)村(そん)の平良(たいら)を結ぶ線（沖縄島が一番くびれているところ）以北です。生物学的なやんばるは、塩屋湾以北の一帯といってもよいかもしれません。

ヤンバルクイナの生態について、簡単に紹介しましょう。

食性分析によれば、動物質の餌(えさ)はカタツムリや昆虫など、１００種以上、植物質の餌も20種以上が確認され、ヤンバルクイナは多様な種類の餌を食べていることが明らかになっています。餌として報告されている動物の中には、ヘビやカエルなどもあります。ただし、餌としてよく利用されているのは、カタツムリや昆虫などです。餌となるカタツムリをもう少し詳しく紹介すると、殻の厚いオキナワヤマタニシのほか、パンダナマイマイ、ヤンバルマイマイ、オキナワウスカワマイマイなどです。ヤンバルクイナは、

ヤンバルクイナ

特定の石にカタツムリをたたきつけて割って食べる行動も知られていて、やんばるの森を歩くと、それとおぼしき、頂部などが割られた大型のヤンバルマイマイの殻を見ることがあります。また、昆虫は甲虫類、アリ類などを中心にさまざまな種類を利用しています。昆虫以外にも、ザトウムシ、クモ、ワラジムシ、ヤスデなども餌動物のリストにあげられています。

沖縄島には在来の肉食哺乳類は分布していません。ではヤンバルクイナの天敵はなんでしょうか。ヤンバルクイナは夜、斜めに傾斜したような木に登り、ねぐらを取ります。これはハブを避けるためと考えられています。しかし、現在、沖縄島にはマングースが移入されているため、マングースがヤンバルクイナの脅威となっています。また、ノネコもヤンバルクイナにとっては恐ろしい存在です。ヤンバルクイナの棲息数は、2005年の山科(やましな)鳥類研究所の調査では1000羽を切ると推定されました。これは楽観できる数値ではありません。そのため、やんばるではマングースやノネコの対策が急務になっています。

ヤンバルクイナのなによりもの特徴は飛べないということです。

ヤンバルクイナは、もともと飛べる鳥で、陸棲の肉食哺乳類のいない沖縄島に棲みつくようになってから飛ぶことをやめたと考えられています。というのも、世界の島々には、同じように飛べなくなったクイナの存在が知られているからです。クイナは、無飛力になりやすい鳥なのです。世界のクイナ類150種のうち、56種は島に分布し、さらに島に棲むクイナのうち、少なくとも31種が無飛力となっています。

なぜ、島のクイナは飛ばなくなるのでしょう。それは省エネのためと考えられています。翼を作るのにはエネルギーが必要です。また、飛ぶためにも大きなエネルギーが必要とされます。クイナが移り棲んだ島が小さく、餌資源が限られた場合、クイナは飛ばなくなるほうが生き延びやすかったのです。もちろん、捕食者がいないことも関係しています。また体のつくりが、飛力を失いやすい特徴をもつことも、島のクイナに飛べないものが多い理由となっています。島のクイナは、島に渡ってのち、かなり短期間で無飛力となったとも考えられています。

ヤンバルクイナに最も近い種類と考えられているのは、フィリピンのカラヤン島に棲むカラヤンクイナです。この島は、ヤンバルクイナの発見よりさらに遅れて、2004年になって発見、新種記載された種類です。このクイナも飛ぶことができません。カラヤンクイナはくちばしと脚が赤く、背中はオリーブ色をしているなど、体色はヤンバルクイナに似ています（ただし、ヤンバルクイナのような、ほおの白いラインと、胸の縞模様はありません）。捕獲されたカラヤンクイナの胃袋からは、カタツムリや昆虫、ヤスデなどが見つかっているので、食性もヤンバルクイナに似ています。

グアムにグアムクイナと呼ばれる無飛力のクイナがいたことは、先に触れました。このクイナは移入されたヘビによって、1986年に野生絶滅してしまい、現在は飼育下でのみ姿を見ることができます。ハワイ島にも、モホと呼ばれる飛べないクイナ、ハワイクイナがいたことが知られています。ただしハワイクイナは19世紀末には絶滅しており、現在は7個体の剥製が残されているだけです。また、ハワイ諸島には、ハワイクイナ以外にも、飛べないクイナが複数種いたことがわかっていますが、いずれも絶滅してしまっています。

ほかにもこれまで絶滅してしまった島に棲むクイナには、モーリシャス島のモーリシャスアカクイナ、ロドリゲス島のロドリゲスクイナ、ウェーク島のウェーククイナ、タヒチ島のタヒチクイナ、チャタム諸島のチャタムクイナ、ロードハウ島のロードハウセイケイ、フィジー島のフィジークイナなどがいます。

太平洋上には、多くの島々がありますが、こうした多くの島々に、それぞれ固有のクイナがいたのではないかという考えも提出されています。島々への人の移住とともに、そのほとんどは絶滅してしまい、わずかに化石状態の骨から一部の存在が確認できているのにすぎません。太平洋の島々にどのくらいクイナの種類がいたのかについては、100種、500〜1500種、さらには2000種近くいたという説もだされているほどです。

ヤンバルクイナは飛べないクイナだから珍しいのではありません。島に棲む飛べないクイナの中で、かつ、棲息地の沖縄島は古くから人が住んでいた島であるにもかかわらず、現在まで絶滅していないということが、きわめて珍しく貴重であるのです。これが、ヤンバルクイナの「奇跡」です。

6　モグラのいない島のキツツキ

ヤンバルクイナは沖縄を代表する生き物ですが、沖縄県の県鳥はヤンバルクイナではありません。沖縄県の県鳥は、キツツキの仲間のノグチゲラです。ノグチゲラもヤンバルクイナ同様に、沖縄島のやんばるでのみ見られる固有種です。さらにノグチゲラは、世界中のキツツキの中で、最も分布域が狭い種類なのです。

キツツキといえば、木をくちばしでつついて、木の中から虫を捕って食べる鳥です。ノグチゲラも、もちろん、木をつつきます。やんばるの森を歩いていると、大きなドラミングの音が聞こえ、その方向に目をこらすと、立木をつついている、暗い体色をしたキツツキの姿があるでしょう。ところが、ノグチゲラには、ほかのキツツキとは異なった特徴があります。それは、地上に降りて地中に潜むセミの幼虫など

を捕ったり、地中に巣を作るキムラグモの仲間を捕食したりすることです。これではキツツキではなくて、「ヂッツキ」です。では、なぜノグチゲラは地上で餌を捕るのでしょうか。これも陸棲の肉食哺乳類が存在しない島ならではの行動でしょう。ノグチゲラが地上に降りて餌を捕る理由がほかにもあります。沖縄島にはモグラの仲間がいないのです。地中の小動物を食べる競争相手がいないことも、ノグチゲラのこの食性の誕生に関わっていそうです。ノグチゲラの育雛（いくすう）期間の観察によると、雛（ひな）への給餌（きゅうじ）の内容は、最も多く与えられたのが甲虫の幼虫（20%）で、その中ではカミキリムシの幼虫が占める割合が最も大きいものでした。その次に割合の多かった餌がセミの幼虫（7・2%）でした。やはり地上で捕る餌の割合がかなり高いことがわかります。以下、餌とされたものの頻度の順に、コオロギ、甲虫成虫、ムカデなどと続きます。また、サワガニやイトトンボなども餌として与えられたことが報告されています。

ノグチゲラは枯れ木に穴を開けて巣穴を作ります。ノグチゲラが繁殖するには直径20センチ以上の大きな木が必要といわれています。あまりに若木ばかり生えているような森では、ノグチゲラは雛を育てることができないわけです。

ノグチゲラは繁殖用の巣穴に大きな木を必要とするわけですが、ノグチゲラの古巣は、翌年、またノグチゲラが営巣利用するほか、リュウキュウコノハズクやヤマガラ、シジュウカラなどが繁殖用として、ケナガネズミが日中のねぐらとして利用した例が知られています。このようにノグチゲラの棲息は、ほかの多くの動物たちの暮らしにも影響を与えています。つまりノグチゲラの保全は、やんばるのほかの生き物たちの保全にもつながっていくことになるのです。その種を保全することが、ほかの多くの生き物たちの保全につながる種のことを、アンブレラ種と呼んでいます。まるで傘（アンブレラ）のように、ほかの種を守っているように見えることからつけられた名称です。

ノグチゲラの営巣期の行動圏面積は約7ヘクタールと推定されています。また、やや古いデータですが、1990年代の調査では、ノグチゲラの棲息数はおよそ400頭と推定されています。つまり、ノグチゲラはヤンバルクイナよりもずっと少ないのです。

ノグチゲラは特異な羽色をしていることから、ほかのどのキツツキと近縁なのかについてはいろいろと議論がなされました。記載当時、ノグチゲラはアオゲラ属の一員として命名されたのですが、その後、ノグチゲラ属という新属をたてられ、一属一種のキツツキとされました。しかし、その後もノグチゲラの所属についての議論は続きました。再びアオゲラとの関係性が考えられたりもしたのですが、ミトコンドリアDNAの解析の結果、アオゲラではなく、オオアカゲラに最も近縁な種であることがわかりました。地上に降りて餌を捕るなどの特異な行動が、原始的なキツツキの性質を残すものと考えられたこともあったのですが、これは原始的な特徴ではありませんでした。先に書いたように、島に適応して獲得した行動であったのです。

7 渡る鳥と渡らない鳥

同じ中琉球に区分される沖縄島と奄美大島ですが、ヤンバルクイナやノグチゲラは奄美大島では見られません。その反対に、奄美大島に棲息しているルリカケスやオーストンオオアカゲラ、オオトラツグミは沖縄島では見られません。ヤンバルクイナはともあれ、ノグチゲラやオオアカゲラ、オオトラツグミは飛べるので、渡ろうと思えば、渡れない距離ではないようにも思えるのですが、どうやらこれらの鳥は、暮らしている森を離れて遠くへ渡ることを好まないようです。

ヤンバルクイナやノグチゲラのように、一年中、その土地で見られる鳥を留鳥と呼びます。ここで、やんばるの森に暮らす、ヤンバルクイナやノグチゲラ以外の鳥たちについても少し触れておきましょう。

ヒリッ、ヒリッ……という声が聞こえてきたら、それはリュウキュウサンショウクイの声です。ウーウーという、低いうなり声のような鳴き声はカラスバトのものです。ポーポーと、少しまのびしたように聞こえる鳴き声はズアカアオバト。那覇の街中ではあまり姿を見ませんが、やんばるの森には普通にカラスが見られます。やんばるのリュウキュウハシブトガラスは、本土のハシブトガラスよりもややこぶりです。また、夜になれば、コホッ、コホッという、小型のフクロウであるリュウキュウコノハズクの声が聞こえてきます。これらの鳥も、一年を通じて見られる鳥、つまりは留鳥です。

　夏場には、渡り鳥としてやってくるリュウキュウアカショウビンのコッカール、コッカールという鳴き声を聞いたり、真っ赤な姿を見たりすることもあるでしょう。冬場には、冬の渡り鳥としてシロハラの姿をよく見かけるようになります。ウグイスの場合は、やんばるに留鳥として見られるものと、冬場に渡ってくるものの両方がいます（それぞれ、亜種が異なっています）。

　やんばるに棲む留鳥の中で興味深いのは、アカヒゲです。美声で名高いコマドリに近いアカヒゲも、美しい鳴き声の鳥です。

　アカヒゲは主に北琉球・中琉球の島々（ほかに長崎県の男女（だんじょ）群島）の固有種で、形態の特徴から、北琉球の島々から奄美諸島にかけて見られるものがアカヒゲ、沖縄島に見られるものがホントウアカヒゲという亜種に分けられていました。ところが、研究によって、この2亜種は遺伝的にはっきり分かれていること

アカヒゲ

とが明らかとなりました。さらに沖縄島の森で見られるホントウアカヒゲは留鳥なのに、アカヒゲは（繁殖地によって頻度が異なるのですが）渡りをすることもはっきりしました（例えばトカラ列島で繁殖するアカヒゲは、冬季、八重山諸島に渡ります）。こうしたことから、両種は別種として扱うのが妥当ではないかと考えられるようになってきています。

同じ中琉球に区分けされる沖縄島と奄美大島で、翼をもち、かつ空を飛ぶことのできる鳥に、このような違いが見られるのは、大変興味深いことです。

奄美大島には、アマミヤマシギと呼ばれる固有の鳥も棲息しています。長いくちばしをもつこの鳥は、普段、あまり飛ぶことをせず、地上を歩いて採食をしています。ところが、アマミヤマシギは冬季、少数の個体が、沖縄島でも確認されています。あまり飛ぶことを好まなそうなアマミヤマシギが、本当に奄美大島から沖縄島まで渡っているのかどうかは、まだきちんと確認がとれていません。中琉球、ひいてはやんばるの鳥たちについても、まだ、こうした謎が隠されています。

8　変わり者のネズミたち

中琉球に属している主要な高島である、沖縄島、徳之島、奄美大島の哺乳類たちについても見てみましょう。

中琉球・南琉球の島々で見られる哺乳類のうち、人間によって持ち込まれたケラマジカおよびクマネズミ、マングースと、空を飛ぶことのできるコウモリ類をはぶいたものは、以下のような種類になります。

食虫類　ワタセジネズミ、オリイジネズミ、ジャコウネズミ
齧歯類　アマミトゲネズミ、トクノシマトゲネズミ、オキナワトゲネズミ、ケナガネズミ、オキナワハツカネズミ
ウサギ類　アマミノクロウサギ
偶蹄(ぐうてい)類　リュウキュウイノシシ

このうち、中琉球を特徴づける動物は、先に少し紹介したアマミノクロウサギのほかに、3種のトゲネズミ類とケナガネズミをあげることができます。
ケナガネズミは頭から尻(しり)までの長さが30センチほど、尾の長さも同等で、体重が600グラムほどになる、日本最大のネズミ科の動物です。長い尾の先のほうが、白くなっているのが特徴的です。基本的に夜行性かつ樹上性なのですが、夜間、林道上を歩いている姿も見ることがあります。行動は普通のネズミに比べるとずいぶんおっとりしているように見えます。ケナガネズミはリュウキュウマツの松ぼっくりをかじって、中の種を食べますが、その食べ痕(あと)は、本

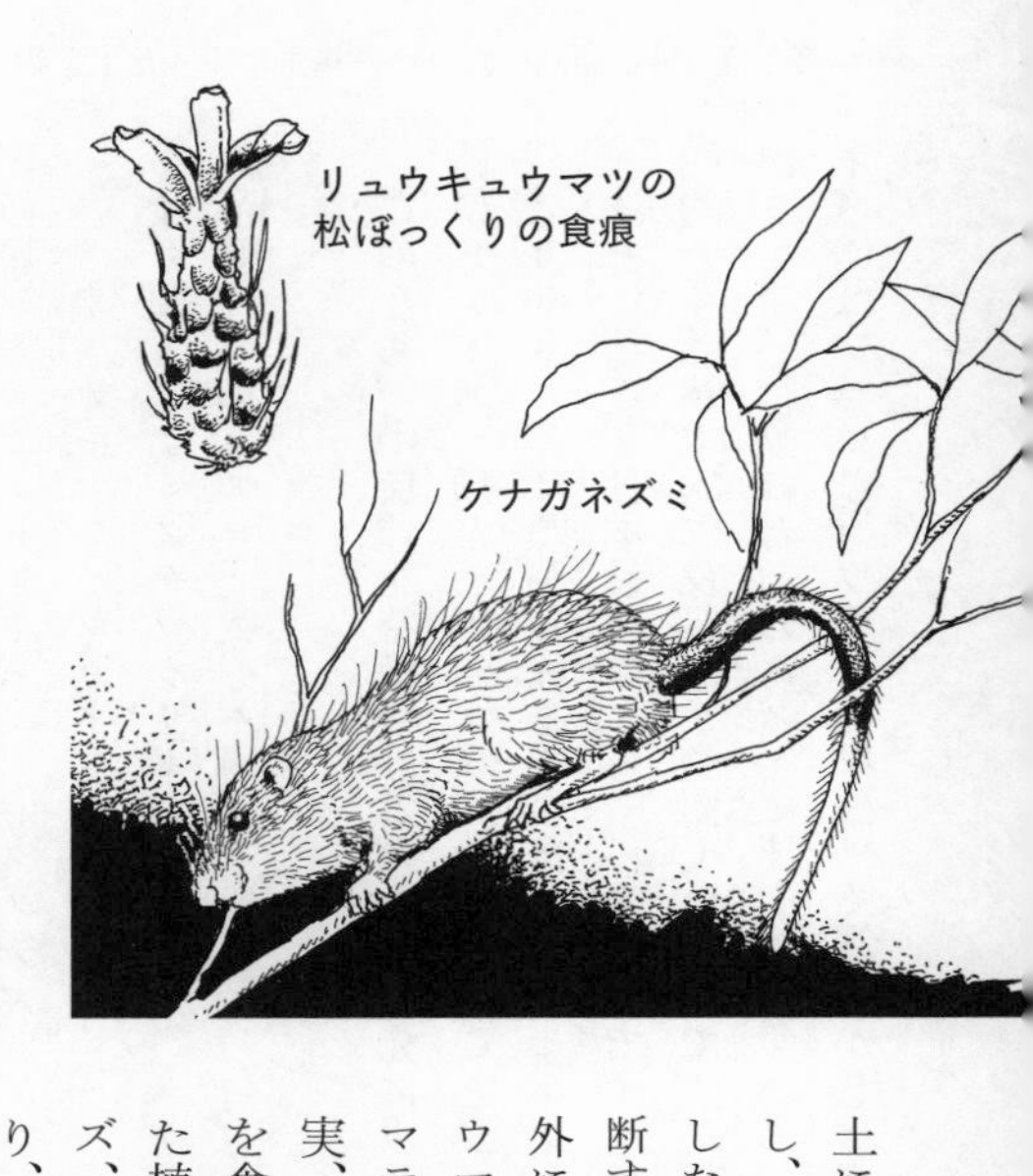

土におけるリスのそれによく似ています（ただし、クマネズミも同様の食べ痕を残すので、こうした松ぼっくりを拾っても、誰が落とし主かを判断するには注意が必要です）。ケナガネズミの野外における採餌（さいじ）に関する調査では、リュウキュウマツのほか、ヤマモモの実、オキナワジイやマテバシイの実、イヌビワの花嚢、タブノキの実、イジュの実など、30種以上の植物の実や葉を食べていることが明らかにされています。また植物以外にも、ケナガネズミがヤスデ、ミミズ、ヤマナメクジ、昆虫などを食べた記録もあり、雑食性ということができます。ケナガネズミは沖縄島のほか、徳之島、奄美大島にも分布しています。

一方、トゲネズミ類は、沖縄島、徳之島、奄美大島に、それぞれオキナワトゲネズミ、トクノシマトゲネズミ、アマミトゲネズミと、島ごとに固有の種類が見られます。トゲネズミは、一見、普通のネズミと変わらないような姿をしていますが、名の通り、針状の毛をもっているのが特徴のネズミです。オキナワトゲネズミはアマミトゲネズミよりも体が大型で、そのほかに、染色体にもそれぞれの種に違いがあることがわかっています（オキナワトゲネズミの染色体数は2n＝44、アマミトゲネズミは2n＝25、トクノシマトゲネズミは2n＝45）。オキナワトゲネズミは、ヒトやほかの哺乳類同様、性染色体は、メスはXX、オスはXYなのですが、アマミトゲネズミとトクノシマトゲネズミは、性染色体が雌雄ともにXOであるという際立った特徴があり、性の決定がどのようになっているか、まだよくわからない点があります。そのため、希少動物というだけでなく、動物の性の決定様式を明らかにする研究対象としても注目されているグループです。

トゲネズミ類は、いずれの種類も森の開発やマングース、ノネコ、ノイヌによる捕食の脅威にさらされています。1910年にハブやネズミの対策として移入されたマングースは、結局ハブへの対策とはならず、在来の動物たちの減少を引き起こす要因になってしまっています。

奄美大島では徹底した対策により、マングースの駆除にほぼ成功しつつあります。沖縄島でも、やんばるの森

オキナワトゲネズミ

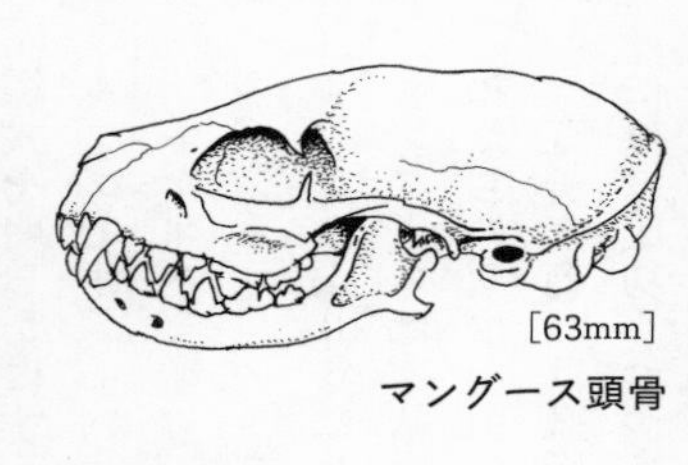
[63mm]

マングース頭骨

を歩いていると、塩屋湾以北の一帯にマングースが侵入しないよう、各地に捕獲用の罠（わな）が設置されているのを見かけます。オキナワトゲネズミの場合、１９９７年頃は塩屋湾以北のやんばるの森の各地で見られたものの、次第に姿を消し、２００１年以降は絶滅したのではないかと考えられるほどの危機的状況になってしまいました。この原因は、やんばるの森を南北に貫く林道（大国林道）が１９９３年に開通し、それと同時にペットの遺棄などにより、ノイヌ、ノネコが増え、それらによる捕食圧が強まったためではないかと考えられています。幸い、２００８年にオキナワトゲネズミは再発見され、絶滅を免れていることがわかりました。ただ、確認されている棲息地はわずか5平方キロの範囲にすぎず、絶滅の危機にあることは間違いありません。

トゲネズミ類もケナガネズミも、アマミノクロウサギがそうであったように、ユーラシア大陸で生まれ、その後中琉球が分離するなかで島にとりのこされ、祖先種が大陸で絶滅後も生き残った遺存固有種です。すなわち、これらのネズミたちは、沖縄の島々の歴史を物語る立役者なのです。

9　箱舟の乗員――トカゲモドキ、リュウキュウヤマガメ

こうした中琉球の歴史を反映しているのは、両生・爬虫類も同様です。そのため中琉球の両生・爬虫類の固有率はきわめて高くなっています。この地域で見られる両生類の84・2%、爬虫類の68・2%が固有種だとされています。

中琉球に固有に見られる両生・爬虫類の中で、沖縄島と周辺離島で見られるクロイワトカゲモドキについて見てみましょう。トカゲの仲間は、ヤモリ類、イグアナ類、トカゲ類、オオトカゲ類と、いくつかのグループに分けられています。トカゲモドキはこのうち、ヤモリ類に含まれるトカゲモドキ科の爬虫類で、世界で22種ほどが知られています。クロイワトカゲモドキは夜行性で、ヤモリ類に含まれているものの、ヤモリのように樹幹や岩壁に張り付いている姿ではなく、四肢をたてて、林床などを歩きまわる姿を見ます。クロイワトカゲモドキは沖縄島と近隣の島々に分布するのですが、棲息地によって体色に違いが見られることから、地域ごとに亜種に分けられています。亜種には、沖縄島産のクロイワトカゲモドキ、伊平屋島産のイヘヤトカゲモドキ、久米島産のクメトカゲモドキ、渡嘉敷・阿嘉・渡名喜島産のマダラトカゲモドキの現生4亜種と、奄美諸島・与論島から知られる絶滅亜種のヨロントカゲモドキが知られています（ヨロント

クロイワトカゲモドキ

カゲモドキは断片的な骨しか見つかっていませんが、その骨格的な特徴から固有の亜種であると結論づけられています)。

このクロイワトカゲモドキと徳之島に産するオビトカゲモドキは、南琉球の島々には近縁の種類が見られません。また、南琉球だけでなく、台湾や、東シナ海をへだてた対岸の中国大陸沿岸にも近縁種が見られません。イボイモリも同様で、沖縄島、徳之島、奄美大島に産するこの両生類の近縁種は、南琉球や台湾には見当たりません。沖縄島・やんばるの森に見られるリュウキュウヤマガメも同様です。これらの両生・爬虫類の近縁種を探してみると、それは、中国大陸の南東部やベトナム北部に分布しているものが見つかります。つまり、トカゲモドキやイボイモリ、リュウキュウヤマガメは、古い時代に大陸から中琉球に移り棲み、近隣の地域で近縁種が絶滅したあとも、大陸から分断された島々で生き残った遺存固有種だと考えられています。また、やんばるの森で見られる美しい体色をしたオキナワイシカワガエルと、その近縁種で奄美大島に棲息するアマミイシカワガエル、そしてやんばるの森で見られる大型のカエルのホルストガエルと、奄美大島のオットンガエルもまた、このような遺存固有種

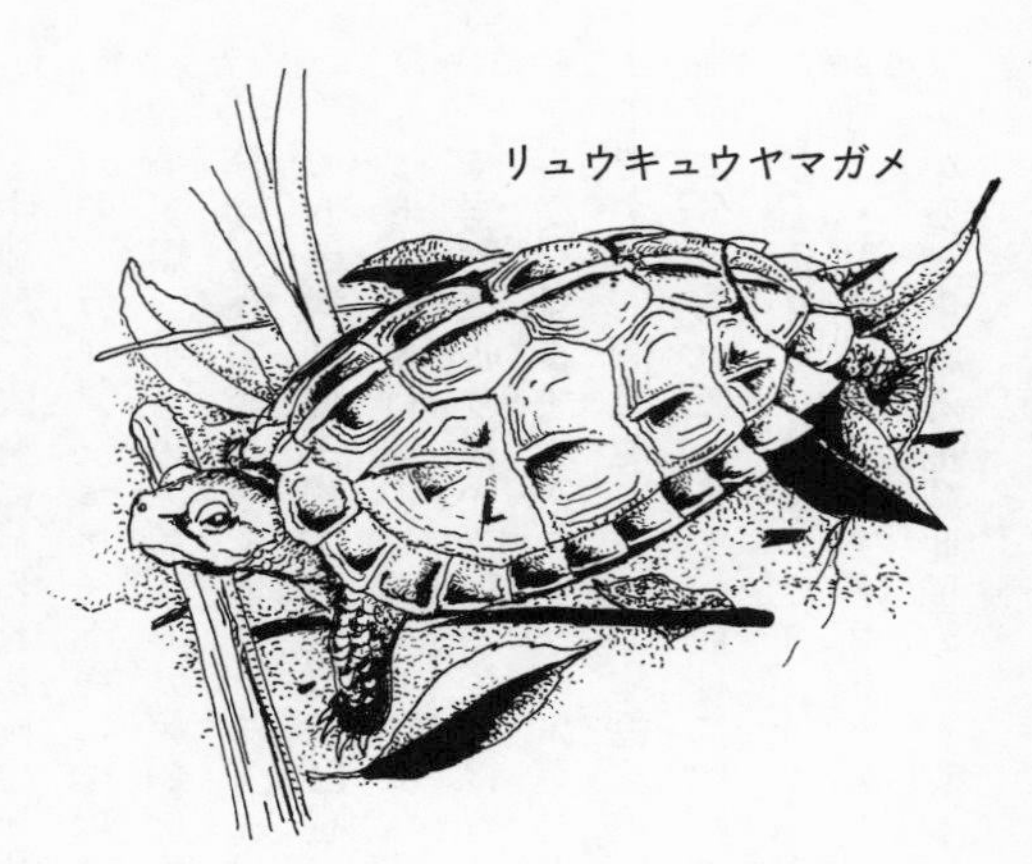
リュウキュウヤマガメ

と考えられています。

古い時代に大陸に広く分布していたさまざまな動物たちが、島にとりのこされ、そこでのみ絶滅を免れて生き延びたというのは、聖書に出てくる箱舟に乗った動物たちが洪水を越えて生き延びた様を思わせます。中琉球の島々は、動物たちにとっての箱舟なのです。

島には外来種問題がつきものだということは、ここまでも何度か触れてきました。両生・爬虫類に関する外来種問題は、天敵となるマングースなどの移入以外に、海外の両生・爬虫類が持ち込まれて定着しているという問題があります。ヘビ類の外来種には、毒蛇のタイワンハブのほか、タイワンスジオも定着しています。また、トカゲ類のグリーンアノールが１９８９年以降、野外で見つかるようになり、同様に樹上で生活をするキノボリトカゲへの影響が出ることや、餌とされる昆虫などへの影響が出ることが心配されています。那覇市内の末吉（すえよし）公園などを歩くと、植栽された樹木の樹幹に、アノールトカゲ対策のために、粘着テープが巻き付けられているのを目にします。また、カエルでは、外来種のシロアゴガエルが人里で普通種となっています。また、本土でも外来種として問題となっているアカミミガメのほか、時には県内では八重山諸島にしか分布していないはずのセマルハコガメが、沖縄島の野外で見つかることがあります。

オキナワ
イシカワガエル

10 ゆっくりサイクルの絶滅したシカ

沖縄島の中南部にはサンゴ礁起源からなる石灰岩地が広がっています。この琉球石灰岩は、石垣などの素材とされ、また細かく砕いて敷石などにも利用されます。そのため、石灰岩地には、ところどころに石灰岩を採掘する砕石場があります。こうした石灰岩を採掘した跡地には、掘り残した石灰岩が崖となって残されています。その石灰岩の崖に縦に割れ目が走っていることがあり、そうした割れ目をフィッシャーと呼びます。

過去の時代に石灰岩にできた亀裂には、島尻マージと呼ばれる表土の赤土が流入していますが、それだけでなく、亀裂のできた時代の動物たちの骨や貝殻が混入していることがあります。石灰岩地はアルカリ質なので、通常の酸性土壌では溶けてしまうような小動物の細かな骨や貝殻もきれいに保存されます。こうしたことから、フィッシャー堆積物に含まれる化石を調べることは、その土地の過去の生物相を調べるうえできわめて有効な手段となります。

沖縄島中南部に位置するフィッシャーの中でも、とりわけ有名なのが旧石器時代の人骨が出土した八重瀬(やえせ)・港川(みなとがわ)フィッシャーです。港川から出土した人骨は、港川人と名付けられ、およそ1万8000年前のものと測定されています。

港川人は「東アジア最高の保存状態を保つ旧石器人」と称され、1号と呼ばれる男性の骨は顔の骨がしっかりと残されており、当時の人々の顔の復元も可能となっています。港川人は、この男性の骨のほかに、３体の女性の骨が見つかっています。港川人の発見に貢献したのは那覇に住んでいた実業家の大山盛保（おおやませいほ）さんで、１９６７年に自宅に使われた石材に、偶然動物の骨の化石が付着しているのに気づき、採石場までたどり、人骨の発見に結び付けました。人骨が見つかったフィッシャーからは、イノシシやシカの骨の化石も見つかっています。また同時に見つかった木炭から年代測定が行われました。

港川フィッシャーから見つかっている哺乳類の化石にはどんなものがあるでしょうか。イノシシのほかに、リュウキュウジカ、リュウキュウムカシキョンという2種のシカ類、そしてケナガネズミとトゲネズミの骨が報告されています。

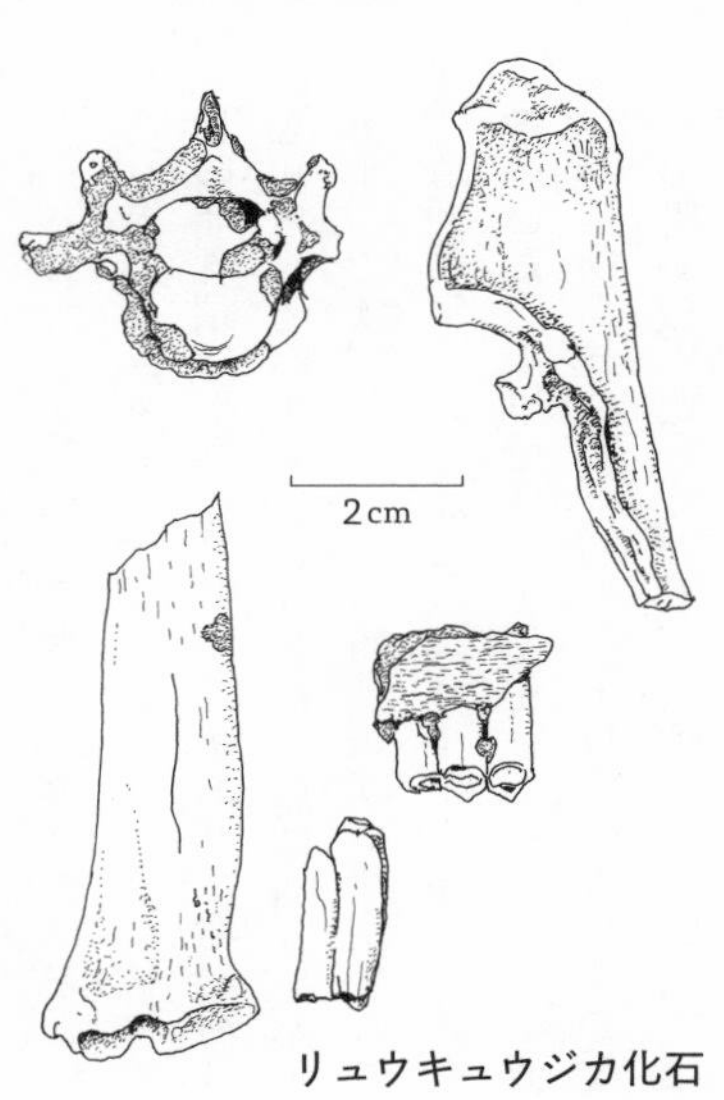

リュウキュウジカ化石

リュウキュウジカとリュウキュウムカシキョンは絶滅種です。これらのシカは、中琉球が大陸から切り離される以前に棲みつき、島嶼（とうしょ）化したあとも棲み続けたものであると考えられます。リュウキュウジカは、ニホンジカに近いシカと考えられているのですが、肩の高さが50センチほどという、きわめて小型のシカです。また、脚も短いという特徴があります。

島の哺乳類は小型化する傾向があります。海外の例では、島に隔離されたゾウが小型化した例も知られています。こうした、島の哺乳類が小型化することは、「島のルール」と呼ばれています。では、なぜ、島の哺乳類は小型化するのでしょう。考えられるのは、小型化したほうが、資源の限られた島ではエネルギー効率の観点から生き延びやすいということです。同時に、天敵のいない環境では、小型化しても防御力の低下は問題とならないこともあげられます。リュウキュウジカの場合、小型化しているだけでなく、脚が短いのも特徴でした。リュウキュウジカの脚が短くなったのも、天敵のいない島では逃げ回る必要性がなかったからでしょう。

リュウキュウジカの骨の研究からは、リュウキュウジカがニホンジカに比べて長寿だったこともわかっています。これも島という環境にあわせた特徴であると考えられています。天敵のいない島で、リュウキュウジカは、ゆっくりと成長するライフサイクルを獲得したようです。これは同時に、繁殖もゆっくりであるということです。こうした、島という環境への適応が、やがて裏目にでました。

リュウキュウジカは島にヒトが渡来して以降、その捕食圧に対応しきれず、絶滅したと考えられているからです。港川フィッシャーから少し離れたサキタリ洞遺跡からは、焼かれたシカの骨が出土しています。出土した化石の年代測定から、沖縄島には少なくとも3万6000年前頃にはヒトが渡来していた（山下洞遺跡の人骨の年代測定による）ことがわかっていますが、その後しばらくした、3万年前頃までに、リュウキュウジカは絶滅したと考えられています。港川フィッシャーの場合、シカの骨が見つかるのはフィッシャー堆積物の下部に限られ、より上の層からは、イノシシの骨ばかりが出土しています。なお、リュウキュウムカシキョンは、分類学的な面もまだ十分研究が進んでいないリュウキュウジカよりも、さらに小型のシカの仲間です。おそらくリュウキュウジカと同様に、ヒトによって絶滅への道をたどったのでしょう。なお、イノシシについては、いつ、どのようにして島に棲みつくようになったのか、まだはっきりしていない面があります。

ところで、フィッシャー堆積物の中には、絶滅したシカ類だけでなく、現在はやんばるに行かなければ見ることのできないケナガネズミやトゲネズミの骨も含まれています。すなわち、今から2万年前頃は、沖縄島南部まで、やんばるの生き物が棲息していたということなのです。

11　化石からわかること――昔は全島がやんばる？

港川フィッシャーからは、カメ類の化石も見つかっています。その中には、現在はやんばるの森へ行かなければ見られないリュウキュウヤマガメの化石が含まれています。そのほかにフィッシャーからは、絶滅種のセマルハコガメの一種、同じく絶滅種のイシガメの一種、さらに大型のリクガメ科の絶滅種、オオヤマリクガメの化石が見つかっています。リュウキュウヤマガメを除くほかのカメ類はいずれも絶滅種なのですが、これらのカメ類の絶滅には、シカと同じように、ヒトの捕獲圧が関係していると考えられています。

港川のフィッシャー以外でも、沖縄島南部、南城市の具志堅フィッシャーから出土した両生類の骨についての研究結果が発表されているので、紹介しましょう（具志堅フィッシャーの年代測定では、下部堆積物は約2万8000年前、フィッシャー上部堆積物は約7000年前という結果がでています）。具志堅フィッシャーから見つかった両生類の骨は、リュウキュウアカガエル、ハナサキガエル、ホルストガエル、オキナワイシカワガエル、ナミエガエル、オキナワアオガエル、ヒメアマガエル、リュウキュウカジカガエル、シリケンイモリ、イボイモリです。こうした両生類の細かな骨の化石まできちんと保存されているのは、フィッシャー堆積物ならではのことです。

具志堅フィッシャーで見つかったカエル類の化石で、最も多く見つかったのがリュウキュウ

具志堅フィッシャー

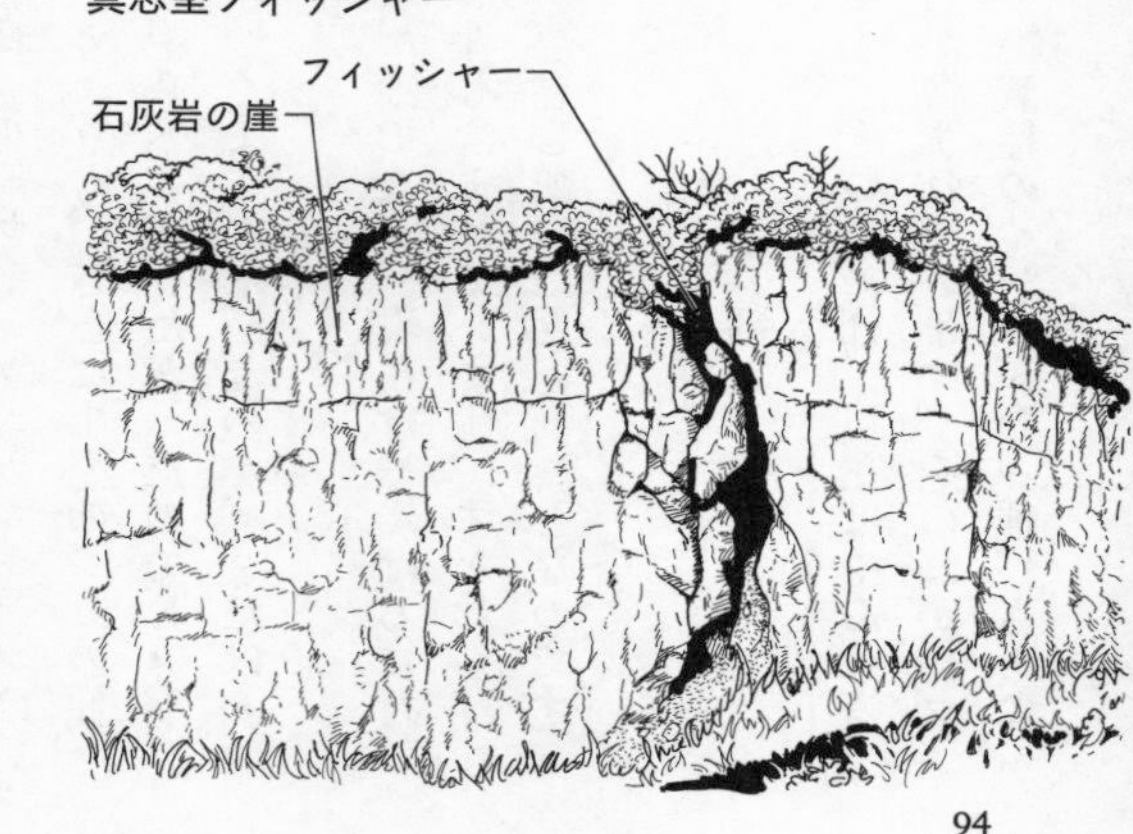

アカガエルの骨でした。また、下部堆積物と上部堆積物では含まれる両生類の化石の種類が異なる結果となりました。下部堆積物からは、ナミエガエル、ホルストガエル、オキナワイシカワガエル、ハナサキガエル、リュウキュウアカガエル、オキナワアオガエル、シリケンイモリ、イボイモリが見つかり、上部堆積物からはヒメアマガエル、リュウキュウカジカガエル、オキナワアオガエル、シリケンイモリだけが見つかりました。なお、現在、南城市旧佐敷町から記録されている両生類は、移入種を除くと、ヌマガエル、リュウキュウカジカガエル、オキナワアオガエル、ヒメアマガエル、シリケンイモリだけです。つまり、2万年以上前は、沖縄島南部には、両生類も現在のやんばるの森で見られるような種類が分布していたことがわかります。

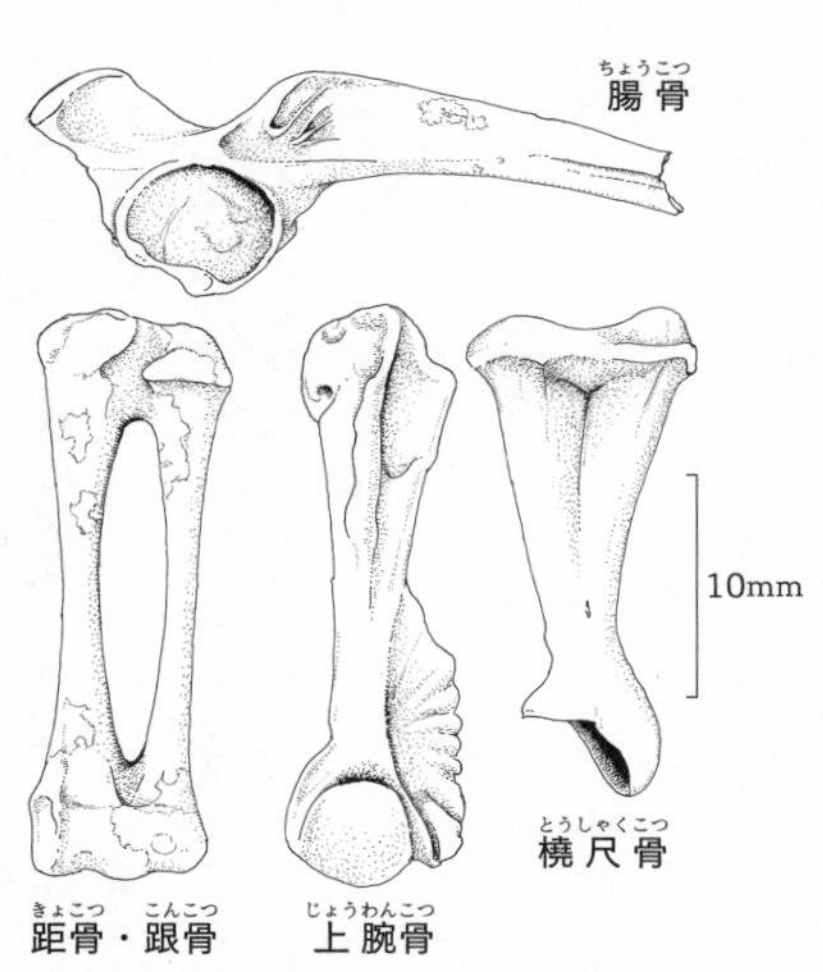

オキナワイシカワガエルの化石

化石として見つかっているカエルのうち、オキナワイシカワガエルなどは、やんばるの森の中の渓流に棲息している種類です。現在の沖縄島南部の石灰岩地を見る限り、このような渓流性のカエルが棲息していた環境があったとは、なかなか想像ができません。しかし、当時は湿潤な森が広がっていたことが、出土するカエルの骨から明らかなのです。

港川フィッシャーから見つかった鳥類の化石についても報告がなされています。それによると、以下のように、全部で17種の鳥の骨が見つかりました。

ズアカアオバト、ハトの一種、ウミウ、ハシブトゴイ、サギの一種、ヤンバルクイナ、ヒクイナ、ヤマシギ、オオヤマシギ、チュウヒ、ノスリ、オオコノハズク、ルリカケス、リュウキュウハシブトガラス、ヒヨドリ、オオトラツグミ、シロハラ。

このリストを見ると、まずヤンバルクイナの名があることが目を引きます。哺乳類や両生類の骨から見えてきたように、やはり当時は沖縄島南部までヤンバルクイナの棲むような森が広がっていたことがわかります。

興味深いのは、ルリカケスとオオトラツグミという、現在は奄美大島だけで見ることのできる鳥の化石が発見されたことです。現在は奄美大島と徳之島に限って分布しているアマミノクロウサギの化石が沖縄島からも見つかっていることは先に触れましたが、ルリカケスやオオトラツグミも、2万年前ほどまでは沖縄島でも棲息していて、その後、絶滅したというわけです(アマミノクロウサギよりも、ずっと最近になって絶滅していることになります)。

リストの中にあるオオヤマシギは、アマミヤマシギの亜種として、化石を元に記載された鳥です。化石で見つかるものは、現生のものよりも大型であるため、亜種を区分することになったのです。アマミヤマシギは先に触れたように、繁殖地が奄美大島であるものの、少数は、冬季、沖縄島に渡ってくることがあると考えられている鳥です。ところが、フィッシャーから出土した化石からは、当時は、多数のアマミヤマシギが沖縄島の南部にも棲息していたことがわかります。

フィッシャーの化石からわかったことをまとめてみると、次の三点です。

一つめは、２万〜３万年前頃までは、現在、やんばるに分布が限られる哺乳類、鳥類、両生・爬虫類も、広く沖縄島南部まで分布が見られたことです。

次に、ヒトの渡来以降、２種のシカ類が絶滅し、同じ頃、カメ類の絶滅も起こったことです。これらはヒトの捕食圧によるものと考えられています。

三つめは、同じ中琉球に位置している沖縄島と奄美大島では、見られる鳥類相に違いがありますが、２万〜３万年前頃までは、現在、奄美大島に限って見られる鳥類も、沖縄島に分布していたことです。

12　大陸時代の生き残り、ヤンバルテナガコガネ

これまで見てきたように、沖縄島の生き物は、中国大陸とのつながりと、その後の島への分離という地史の影響を強く受けています。では、昆虫の場合はどうでしょう。翅のある昆虫は、たとえ島に分断されたとしても、ほかの地域から移動ができそうです。また、流木などととも

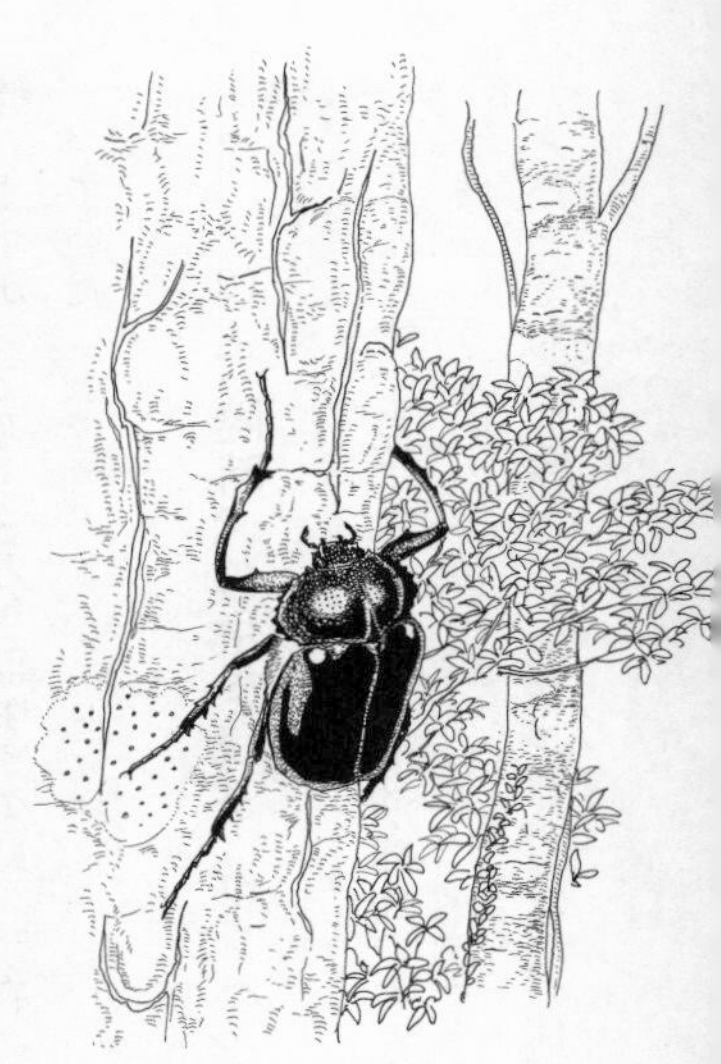
ヤンバルテナガコガネ

に流されて渡ることもできそうです。ただし、そうした昆虫の中にも、中国大陸と陸続きの時代に渡ってきて、そのまま沖縄島の森に棲み続けていたと考えられるものがいます。それがヤンバルテナガコガネです。ヤンバルテナガコガネは1983年に発見、1985年に記載された日本最大の甲虫です。ヤンバルテナガコガネに近縁の種類は、中国江西省、浙江省に棲息するキベリテナガコガネ、中国四川省のシセンキベリテナガコガネ、タイ北部からアッサムのニシキテナガコガネ、マレー半島のマレーテナガコガネといった、大陸産のテナガコガネ類で、台湾のタイワンテナガコガネとは縁は近くないとされています。

ヤンバルテナガコガネはオキナワジイの大木にできた洞の中に産卵し、幼虫は洞の中の腐植質を食べて育ちます。ヤンバルテナガコガネが生存し続けるためには、洞ができるような大木が一定数、森の中に存在していることが必要条件となります。ヤンバルテナガコガネは大型の卵を少数産卵することでも知られています。メス一頭の産卵数はわずかに9個で、また、一世代期間も長く、4年です。こうした特徴は、一般の昆虫が、多数の卵を産み、世代期間が短いことと対照的です。島に適応したリュウキュウジカが、「ゆっくり」ライフサイクルを獲得したと紹介しましたが、ヤンバルテナガコガネのライフサイクルも「ゆっくり」タイプであるといえます。また、こうしたゆっくりタイプの生き物は、攪乱、特に人間の環境破壊や捕獲圧には脆弱です。

ヤンバルテナガコガネ以外に大陸と陸続きになっていた時代に渡ってきたと考えられる昆虫がいるでしょうか。沖縄で見られる昆虫たちの中には、クワガタムシ、ホタル、セミ、モリバッタ類など、海を越えての移動が難しいグループの昆虫たちが見られます。そうした生き物たちは、どうやら陸続きの時代にやってきたようです。

沖縄島の都市近郊でも見られるクワガタには、オキナワヒラタクワガタとアマミノコギリクワガタ（リュウキュウノコギリクワガタ）がいます。このうち、ヒラタクワガタは本土から東南アジアにかけて広く分布が見られる種類で、地域ごとで亜種に分化していますが、海を越えた移動もできる種類と思われます（例えば、ほかの陸域と陸続きになったことのない海洋島の南大東島にもヒラタクワガタの亜種が分布しています）。これは幼虫が潜り込んだ材が海に流れ、さらに海流で運ばれて分布を広げられたからでしょう。一方、クワガタの中にも、海を越えた移動は無理だと考えられる種類がいます。

沖縄島中南部では見ることができず、やんばるの森へ行かなければ見ることのできないクワガタに、オキナワマルバネクワガタがいます。ヒラタクワガタは樹液に集まりますが、マルバネクワガタは樹液に来ることはありません。ヒラタクワガタは４月頃から秋遅くまで姿を見る

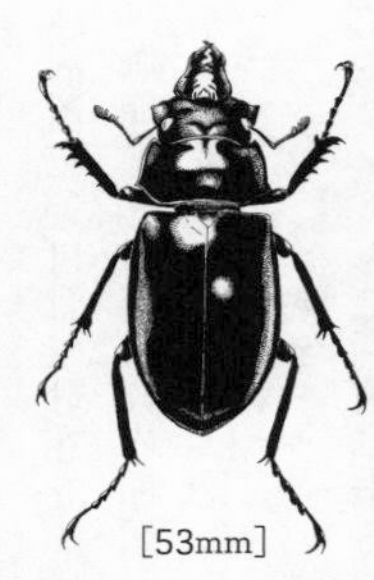

[53mm]

オキナワ
マルバネクワガタ

ことができますが、マルバネクワガタの成虫を見ることができるのは9月下旬以降、10月を中心とした一時期に限られています。成虫は体に厚みがあり、重厚な感じがします。発生期、マルバネクワガタは灯(あか)りに飛んでくることもなく、地上を歩いている姿を見かけます。

　マルバネクワガタの仲間は、八重山の島々にチャイロマルバネクワガタとヤエヤママルバネクワガタ、沖縄島にオキナワマルバネクワガタ、奄美大島、請島、徳之島にアマミマルバネクワガタが分布しています。このうち、チャイロマルバネクワガタは形態的にも、ほかのマルバネクワガタと大きく異なっています。残りの3種類は台湾や中国大陸に見られるマキシムスマルバネクワガタと同じグループに含まれますが、遺伝子解析の結果では、マキシムスマルバネクワガタとヤエヤママルバネクワガタ、そしてオキナワマルバネクワガタとアマミマルバネクワガタがそれぞれ近縁であるという結果がでています。この結果からも、中琉球と南琉球は古くに断絶し、南琉球の生き物は中琉球の生き物よりも台湾の生き物に近いことがわかります。なお、奄美大島には、沖縄島には見られないアマミヤマクワガタやスジブトヒラタクワガタといったクワガタが棲息していますが、これらのクワガタの近縁種は沖縄島だけでなく、南琉球も飛び越えて、台湾に見られます。そのため、これらのクワガタも、古くに中琉球にやってきたものの、なんらかの理由で奄美大島以外では絶滅してしまったものだろうと考えられています。すなわち、これらのクワガタも、遺存固有種といえます。

13　海を越える虫、越えない虫

さて、沖縄の昆虫は、大きく次の三つに区分できます。

- 大陸と陸続きのときに陸路で渡ってきたもの
- 海を越えてきたもの
- 島が成立後、種分化したもの

例えばクワガタの中でも、マメクワガタやルイスツノヒョウタンクワガタは、本土でも海流の影響を受ける地域に分布が見られることから、海流によって分布を広げた種類だと考えられています。

チョウの仲間は、長距離を移動することが可能なため、海を越えてやってきた種類が多く見られます。長距離移動できるので、チョウの仲間には、沖縄固有のものはそう多くありません。沖縄固有のチョウは、沖縄諸島のリュウキュウウラナミジャノメのほか、八重山諸島のヤエヤマウラナミジャノメとマサキウラナミジャノメの3種だけです（ただし、そのほかにリュウキュウウラボシシジミやフタオチョウなど13種のチョウに、沖縄固有亜種が知られています）。

長距離移動が可能なチョウの中には、迷チョウと呼ばれる、定着はしていないものの、台風などにのって、南方から一時的に飛来するものも少なくありません。さらに、そうして飛来したものの中には、ツマムラサキマダラのように、やがて沖縄に定着するようになったチョウも知られています。なお、日本では迷チョウも含めると324種のチョウが記録されていますが、沖縄からは、その44・8％にのぼる145種が記録されています。

チョウに対して、固有種の割合が高いのがセミの仲間です。セミはチョウよりも海を越えての移動が苦手だといえます。日本産のセミ35種のうち、19種（54・3％）が沖縄に分布しています。さらに、沖縄諸島だけに見られるセミ（クロイワゼミ）や宮古諸島だけに見られるセミ（ミヤコニイニイ）、八重山諸島だけに見られるセミ（ヤエヤマニイニイ、イシガキニイニイ、ヤエヤマクマゼミ、イワサキヒメハルゼミ、イシガキヒグラシ）というように、沖縄の島々でも、地域ごとに見られるセミの種類に違いがあります。残念なことに、ここに名前をあげたセミのうち、イシガキニイニイは石垣島のきわめて限られた範囲でしか発生が確認されていないうえに、その発生地でも2016年に発生が確認されて以降、発生が確認できておらず、絶滅してしまったと考えられています。

セミよりもさらに固有種の割合が高いのがホタルの仲間です。ホタルは海を越えての移動が苦手なのです。ホタルの中には、メスが飛べなくなった種類が少なくありません。なかには、メスの成虫がオスとはまったく異なった姿の、まるで幼虫のままのような姿をしたものも知られています。こうしたことが、ホタルが海を越えて移動することを難しくしています。移動が困難になったため、長い年月の後に、その島固有の種類へと分化することになるわけです。沖縄からは日本産ホタルの約5割にあたる25種のホタルが棲息していますが、そのうち8割の20種が固有種とされています。

体が小さく、種類も多い昆虫は、那覇市内の公園などでもある程度の種類を目にすることができます。

身近なところで、那覇市内に残るまとまった緑地である末吉公園では、どのような昆虫が見られるか、簡単に紹介しましょう。

園内では、冬の一時期を除いて、さまざまなチョウの姿を見ることができます。白地に黒いまだら模様のコントラストが美しい、大型のチョウ、オオゴマダラはひときわ目立ちます。ナガサキアゲハ、シロオビアゲハ、ツマムラサキマダラ、カバマダラ、リュウキュウミスジ、ツマグロヒョウモンなどのほか、毎年5月の連休明け頃から、海を越えてクロマダラソテツシジミが渡ってきて、その幼虫が公園に植栽されているソテツの新芽を食べ荒らしている様も見かけます。

海を越えてくる虫の中には、人間の手によって海を渡ってきた虫たちもいます。つまり、外来種です。チョウの仲間でも、幼虫がバナナの葉を食べるバナナセセリが東南アジアから米軍基地を経由して入り込んでいます。バナナセセリは末吉公園でも、植栽されているバナナの周辺で幼虫や成虫を見かけます。また、台湾、中国、インドシナ半島などが原産のクロボシセセリは、幼虫が食草としているヤシ類が園芸用に持ち込まれる際に一緒に運ばれ定着したもので、沖縄島では1977年に初記録されました。末吉公園では林内のビロウの葉に幼虫が見られます。

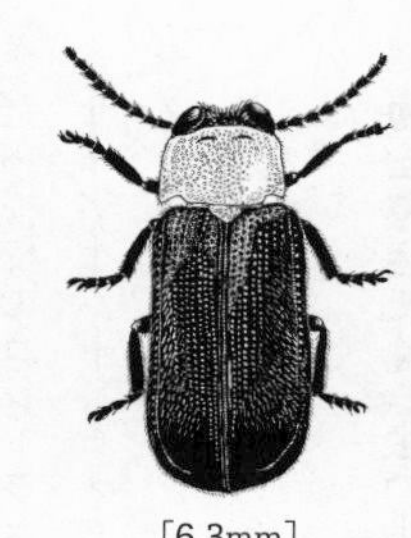

［6.3mm］
オキナワスジボタル

セミでは、5月の連休頃、小さな体のイワサキクサゼミが、ジーッと声をあげているのを耳にします。夏になれば、リュウキュウアブラゼミとクマゼミの声が盛んに聞こえます。ただし、沖縄島の低地で、夏の中盤以降、よく声を耳にするクロイワツクツクは、なぜか末吉公園では見られません。

ホタルは、6月頃、クロイワボタルとオキナワスジボタルが飛び交う姿を目にすることができます。また、地面に目をおとすと、オキナワマドボタルの幼虫が光を放ちながら歩き回っているのも見て取れます。これらのホタルの幼虫は、いずれも水中ではなく、陸上で暮らし、カタツムリを餌としています。沖縄島中南部の石灰岩地はカタツムリの棲息密度が高いので、暮らしやすいでしょう（ただし、街中では人工の光により、ホタルのコミュニケーションが邪魔されてしまうという問題点があります）。また、ホタルの幼虫の中にはカタツムリではなくミミズを餌にするものもいます。ミミズを餌とするタテオビヒゲボタル（タテオビフサヒゲボタル）も、末吉公園には棲みついています。このホタルの成虫は冬場に姿を現し、また成虫は光らず、光の代わりににおいでコミュニケーションをとるため、触角が発達しているのが特徴です。このタテオビヒゲボタルの幼虫は強い光を発しますが、自分よりも何倍も大きなミミズを倒せるほどの毒をもっているため、見つけても素手では触らないほうが無難です。

チョウの仲間に外来種が見られることについて触れましたが、末吉公園では、ほかにハイイロテントウ、ビサヤアカアシカタゾウムシ、アベサビカミキリなどの外来の昆虫が見られます。末吉公園は、人為の影響が大きい都市部に残された緑地なのですが、その一方で、このような緑地からも新種のハチが見出されています。２０２１年に記載されたオキナワアラゲアリガタバチと名付けられた小型のハチで、ハラビロカマキリの卵鞘（らんしょう）の中身を食べるカツオブシムシ類の幼虫に寄生するハチです。都市部の公園で、このような発見がなされることは、沖縄の島々の昆虫の多様性の高さを物語る一つの証であるということができます。

14　渡嘉敷島のカニ、久米島のホタル、伊平屋島のカタツムリ

沖縄島の周辺には、大小の離島があります。それらの島々の自然や見られる生き物は、島ご

とに特有なのですが、すべてを紹介することはできません。いくつか代表的な島を紹介してみましょう。

渡嘉敷島は那覇の泊港からフェリーなら70分、高速船なら40分で渡ることができます。渡嘉敷島は小さいながらも高島に分類される島で、島の中には田んぼの跡地も広がっています。また、島の森にはオキナワジイやマテバシイなどのブナ科植物も見られ、沖縄島南部の那覇沖にありながら、やんばるを思わせる植生が見られる島ということができます。動物相でも、ホルストガエルやリュウキュウヤマガメなど、やんばるの森で見られる動物たちが棲息しています。渡嘉敷島には固有の生き物がいることが知られています。この島には4種類のサワガニ類が見られます。それはケラマサワガニ、カクレサワガニ、トカシキミナミサワガニ、トカシキオオサワガニで、そのうちケラマサワガニを除いた3種が渡嘉敷島固有なのです。固有種ではありませんが、渡嘉敷島産のオキナワアカミナミボタルは固有の亜種とされています。先に少し触れましたが、渡嘉敷島、阿嘉島、渡名喜島産のクロイワトカゲモドキは、マダラトカゲモドキという名の、沖縄島のものとは別の亜種とされています。渡嘉敷島は沖縄島と距離が離れているわけではなく、那覇から目視もできます。また、渡嘉敷島の面積は15・3平方キロとさほど大きな面積の島でもありません。そうしたこと

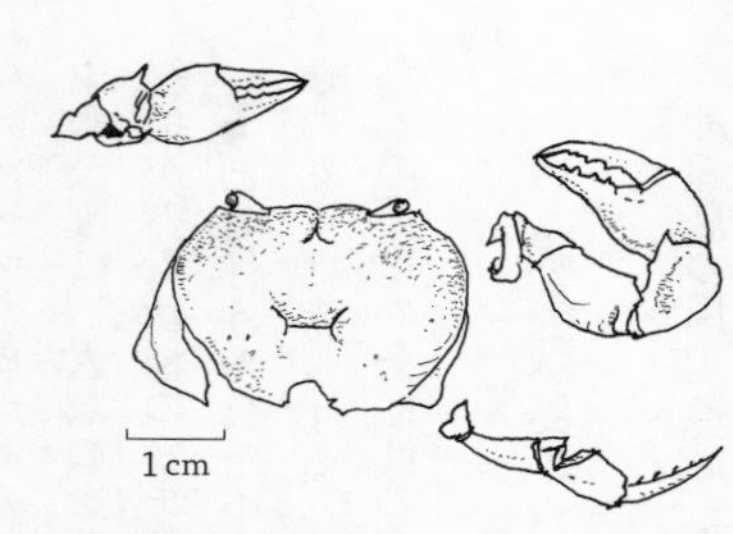

トカシキオオサワガニ（食べられた痕）

を考えると、こうした固有種、固有亜種がいるのはとても不思議な気がします。渡嘉敷島は、那覇から簡単に行ける興味深い離島です。ただ、この島にはハブがいるので、森を歩く際は注意が必要です。

久米島は那覇の西、約90キロ沖合に浮かぶ、県内では沖縄島、西表島、石垣島、宮古島につぐ面積をもつ島です。この島にもオキナワジイのほかオキナワウラジロガシなどが生育し、やんばるの森と共通する植生が見られます。島の平坦地は農耕地となっていますが、宇江城岳（うえぐすくだけ）（３１０メートル）周辺などにややまとまった森が残されています。久米島を代表する生き物にクメジマボタルがいます。１９９３年に発見、記載されたホタルで県の天然記念物にも指定されています。クメジマボタルの成虫は5月頃に発生しますが、ゲンジボタル、ヘイケボタルと同じく、幼虫が水中生活を送るのが最大の特徴です。また、ホタルは海を渡らない虫でした。そのため、久米島に棲息している7種類のホタルのうち、クメジマボタル以外にも、クメジマミナミボタル、シブイロヒゲボタルという2種の固有種が知られています。また、久米島産のオキナワマドボタルは固有亜種とされています。

［45mm］
オキナワカブト

本土のカブトムシの亜種にあたるオキナワカブトが沖縄島に、別亜種とされるクメジマカブトが久米島に分布しています。オキナワカブトやクメジマカブトは本土のカブトムシと遺伝的な違いがあることがわかっていますが、一方、互いに交雑が可能なため、本土のカブトムシが久米島に持ち込まれ、野外に放たれると、両者で交雑が起こってしまうことが心配されます。昆虫だけでなく、久米島のカタツムリにも、クメジママイマイ、リュウキュウヒダリマキマイマイ、オモロヤマタカマイマイなどの固有種が知られます。サワガニ類でもクメジマオオサワガニ、クメジマミナミサワガニという固有種がいます。

ヘビの仲間にも久米島固有種が知られています。キクザトサワヘビです。キクザトサワヘビは山地の渓流部を棲みかとするヘビで、近縁種は沖縄島を含めた周辺の島々にはおらず、中国大陸の山間部に見ることができます。キクザトサワヘビも中琉球の島々が中国大陸の一部だったときに久米島付近に棲みつき、そのまままとりのこされるようにして生き続けてきた遺存固有種の一つなのです。久米島にはハブもいます。久米島のハブは沖縄島のハブとは模様が異なるタイプも多く見られます。また久米島には、クロイワトカゲモドキの固有亜種、クメトカゲモドキも棲息しています。久米島にはこのように、久米島ならではの生き物が多数棲息しています。

伊平屋島は本部半島の北、約40キロの沖にある細長い形の高島です。高島である伊平屋島では、現在も田んぼが作り続けられています。伊平屋島の山地にはオキナワワジイのほかに、隣島の伊是名島と共通してウバメガシが見られるのが特徴的です。

海底地形図を見ると、沖縄島と渡嘉敷島、久米島は水深200メートルラインでくくられた範囲に収まることがわかります。これは氷期の海面低下時期には、ひとつながりの陸域になっていた可能性があるということです。その一方、伊平屋、伊是名両島と沖縄島との間には、より深い海が横たわっていることが海底地形図から見て取れます。つまり、比較的近距離に位置しながら、伊平屋島は沖縄島と分離していた時期が長かったと予測されるわけです。実際、伊平屋島は小さな島ながら、クロイワトカゲモドキの固有亜種、イヘヤトカゲモドキが棲息するほか、固有のカタツムリ（イヘヤヤマタカマイマイ、ハンミガキマイマイ）も見られ、昆虫でもイヘヤアカミナミボタルといった固有種が知られています。サワガニ類でもイヘヤオオサワガニという固有種が知られています。なお、伊平屋島にもハブはいます。

15　サンゴ礁の魚たち

沖縄島に来たら、美ら海（ちゅらうみ）水族館に足を運ぶ人も多いと思います。本書は主に島々の陸上の生き物たちを紹介していますが、せっかくなので、少しだけ海の生き物についても紹介したいと思います。

美ら海水族館の入り口をくぐると、まずサンゴ礁の浅瀬を模したタッチングプールが設置されています。その先に、サンゴ礁の浅瀬の海で見られる魚たちを展示したコーナーがあり、ジンベイザメが泳ぐ、沖合の海を模した有名な大水槽があります。さらに先を進むと、今度は深海の生き物たちのコーナーになります。島々を取り巻く海には、沿岸のサンゴ礁、そして沖合の外洋、さらには深海と、大きく3つの区分があることを実感できるつくりになっているのです。

水族館だけでなく、序章で紹介した平和通りの市場の魚屋でも、島々を取り巻く海に暮らす魚たちの姿を見ることができます。色とりどりの魚が並べられていることに目をうばわれますが、なかでも青や黄色など、鮮やかな色をしたブダイの仲間は圧巻です。ブダイは英語でパロットフィッシュと呼ぶように、オウムのようなくちばし状の歯をもっています。この頑丈な歯で、小動物のほか、生きたサンゴを食べたり、死んだサンゴの表面に生えた藻を食べたりしています。サンゴ礁の海がエメラルドグリーン色に見えるのは、海底の砂が白いからですが、この白い海底の砂を作ることに関わっているのがサンゴをかじって砂状の糞(ふん)を出すブダイの仲間です。

海洋面積に占めるサンゴ礁の割合は0・1%しかありませんが、海産魚類の約半数にあたる7000種もの魚がサンゴ礁域から知られています。このサンゴ礁域に特徴的に出現するのは、ベラ、ブダイ、スズメダイ、ニザダイ、チョウチョウウオ、キンチャクダイといった魚のグループです。このうちブダイ科は世界中から88種の種類が知られています。

ブダイは種類が多いうえ、オスとメスで体色が異なる場合もあるため、魚屋で見かけただけでは何という種類かわからないときもあります。なかでも体長130センチ、46キロにもなるカンムリブダイは、ブダイの仲間の最大種です。カンムリブダイはさまざまな底棲動物やサンゴに生える藻類などを食べますが、餌の半分は生きたサンゴです。体の大きなカンムリブダイがサンゴに与える影響は大きく、カンムリブダイが無選択にサンゴを食べることで、特定のサンゴの種類が優占することなく、結果、サンゴの多様性、ひいてはサンゴ礁の生物多様性が保持されるといわれています。

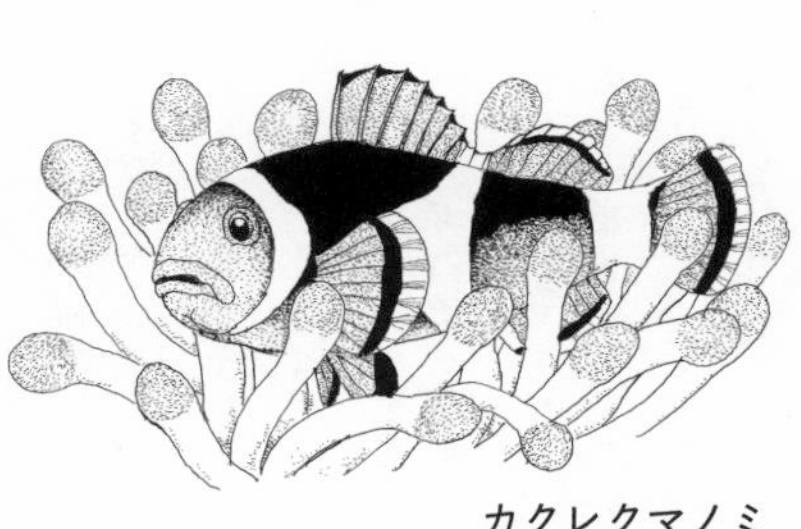

カクレクマノミ

ブダイの仲間と対照的に、小型のスズメダイ科の魚たちは、魚屋ではあまり見かけないものです。しかし、スズメダイ科は世界から、ブダイ科の魚をしのぐ、３４８種が知られています。そしてダイビングをする人たちにとっては、スズメダイ科のクマノミの仲間は、サンゴ礁でおなじみの魚といえるでしょう。

クマノミといえば、イソギンチャクとの共生が有名です。ただし、近年まで、実はその共生の仕組みはよくわかっていませんでした。

クマノミの仲間にとって、イソギンチャクに棲みつくことの利点は明らかです。イソギンチャクに棲みつくことのできなかったクマノミは、魚食魚に食べられてしまうと考えられています。また、クマノミの卵塊もイソギンチャクに接近して産み付けられたもののほうが、より生き延びられると考えられています。こうしたことから、クマノミの稚魚は放出されている化学物質を頼りにイソギンチャクを探し当て、棲みつくすべを身につけています。

一方、イソギンチャクにとって、クマノミが棲みつくことの利点はなんでしょうか。クマノミは、どんなイソギンチャクとも共生関係を結ぶわけではありません。クマノミが棲みつくイソギンチャクは、1200種も知られる中のわずか10種ほどにすぎません。そして、そのイソギンチャクはいずれも体内にサンゴと同じような褐虫藻を共生させています。クマノミの宿主となるイソギンチャクは、褐虫藻が光合成をすることで生きていくうえでのエネルギーの源を得ています。ところが魚の中には、イソギンチャクを食べてしまうものもいます。クマノミはこうしたイソギンチャクを食べる魚を攻撃することで、イソギンチャクは安心して触手を広げることができ、つまりイソギンチャクの体内の褐虫藻の光合成を助けることになるのです。また、最近の研究では、クマノミの排出物がイソギンチャク体内の褐虫藻の肥料として働いていることもわかりました。

ここでは、サンゴとブダイ、クマノミとイソギンチャクというごく一部の例しか紹介できませんが、島々を取り巻く海の中にも、陸上の生態系に勝るほどの、さまざまな生き物たちの多様なつながりがあることがわかります。

第3章 宮古諸島

謎だらけの生き物の島

1 宮古諸島

宮古島の面積は159平方キロで、沖縄の島々の中では、沖縄島（1208平方キロ）、西表島（268平方キロ）、石垣島（223平方キロ）に次ぐ大きさの島です。宮古諸島にはこのほかに、伊良部島（29平方キロ）、下地島（9・5平方キロ）、来間島（2・8平方キロ）、池間島（2・8平方キロ）、大神島（0・24平方キロ）といった島々があります。このうち、大神島以外の島々は、現在宮古島との間に橋が架けられて陸続きとなっています。また、これら宮古島に近接する島々から少し離れ、八重山諸島と宮古諸島の中間地点にあたる位置に、多良間島（19・6平方キロ）と水納島（2・2平方キロ）があります。

宮古諸島の島々は、すべて低島です。宮古島も最高標高は野原岳の海抜108・7メートルで、全域がサンゴ礁性の石灰岩からなっています。すなわち、宮古諸島の島々は、過去にさかのぼれば、すべて海底に沈んでいた時期があることになります。このため、宮古諸島の陸域で見られる生き物は、宮古諸島が海面上に姿を現して以降に移り棲んできたものであると考えられていました。

例えば宮古諸島にはハブの仲間が見られません。これは、なぜでしょうか。以前に提唱された仮説では、宮古諸島が海面下に沈んだことがあるのであれば、それ以前にハブの仲間がいたとしても絶滅したであろうし、その後、ほかの陸域からハブが渡ってくることができなかったことで、ハブの不在は説明がつくとされていました。

ところが、その後の研究により、この仮説はあてはまらないことがわかってきたのです。

低島である宮古諸島は、全体的に平坦であることから、人為による改変をうけやすい環境です。現在、宮古島や多良間島などでは、サトウキビ畑が一面に広がる風景が見て取れます。こうしたことから、宮古諸島の陸域には注目すべき生物相が見当たらないととらえられていました。ところが調査・研究が進むにつれ、独特の生物相が解明されるとともに、その生物相の成り立ちに、大きな謎が潜んでいることが認知されるようになってきています。宮古諸島の生物相は、琉球列島の中でも、最も謎に満ちているといっても過言ではないのです。

2　ミヤコサワガニの謎

宮古諸島の生物相に謎があることが明確になったのは、宮古島から固有のサワガニが発見されたことによっています。

サワガニは日本本土の淡水域でも見ることのできる淡水棲の甲殻類です。同じように淡水域に棲む甲殻類のモクズガニの場合、産卵期には川から海へ下り、海辺で放出された卵から孵化した幼生は、一時海の中で暮らしたのち、子ガニが再び川を遡上（そじょう）します。淡水棲の甲殻類でも、このように一生の一時期を海で暮らすものは数多く知られています。こうした甲殻類の場合、幼生が海流に流されることにより、海をへだてた島々にもたどりつくことができます。ところがサワガニは一般のカニ類よりも大型の卵を産みます。そして、その卵から直接子ガニが孵化するという、直達（ちょくたつ）発生と呼ばれる繁殖方式が見られます。すなわち、サワガニは一生涯を淡水域で暮らすカニであり、同時に、海をへだてた地域への移動は難しいカニなのです。こうしたことから、サワガニは、島々の成り立ちに大きく影響を受ける生き物といえます。

琉球列島の島々には、島ごとに特有のサワガニ相が見られ、合計で22種ものサワガニが記録

ヒメユリサワガニ

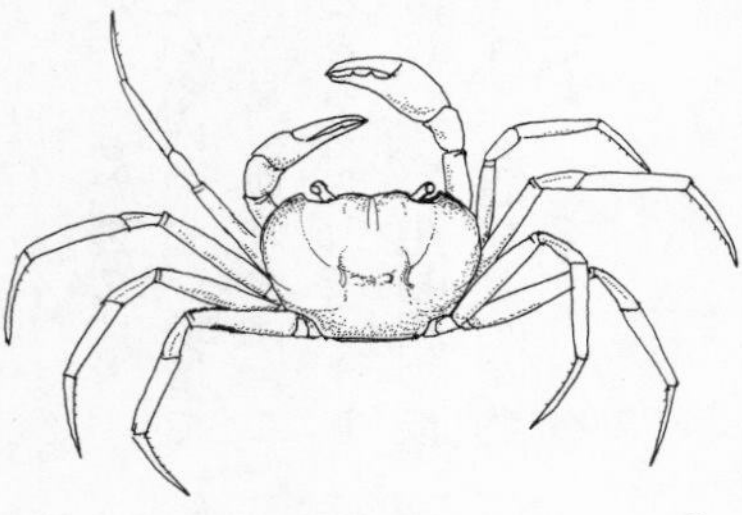

されています。沖縄島では、サカモトサワガニ、アラモトサワガニ、ヒメユリサワガニ、オキナワミナミサワガニ、オキナワオオサワガニと5種ものサワガニを見ることができます。このうち、ヒメユリサワガニは石灰岩地に限って棲息し、また、脚がきわめて長い、ほかのサワガニ類よりも陸上生活に適応したものです。前章で、沖縄島周辺の離島である渡嘉敷島や久米島、伊平屋島に、それぞれ固有のサワガニがいることを紹介しました。また、八重山の島々には、沖縄諸島と異なった種類のサワガニたちが棲んでいます。

ミヤコサワガニ

一方、宮古島にサワガニが棲んでいることは予想されていませんでした。これは先に書いたように、宮古島は一度全体が水没した歴史があると考えられていて、淡水域でのみ生活のできるサワガニがたどりつくことはないと考えられていたためです。ところが1997年に、旧城辺町（現宮古島市）の湧泉からサワガニ類が発見され、研究の結果、宮古島固有のミヤコサワガニとして記載されることとなりました。

宮古島は低島であり、地表に河川は発達していません。雨水は、間隙の多い石灰岩にしみこみ、その下部に位置する、水を通しにくい泥岩層に行く手を阻まれ、貯水されます。こうして地下水となった雨水は、石灰岩と泥岩の境界線から湧水となって流出します。こうした湧水地は低島の中で、淡水棲の生き物の貴重な棲息地となっており、ミヤコサワガニもこのような湧水地に棲息していました。

ミヤコサワガニは、さらに研究の結果、最も近縁な種類は、渡嘉敷島のトカシキオオサワガニであることも判明しました。

ここに、謎が二つ生まれました。

一つは、かつて全域が水没したと思われる宮古島に、なぜ固有のサワガニが棲息しているのかという謎です。

もう一つは、宮古諸島のサワガニが、どうして沖縄諸島のサワガニと近縁なのかという謎です。それまで宮古諸島の生物相は八重山諸島の生き物との関係性が深いと思われていたからです。

沖縄諸島と宮古諸島との間には、慶良間海裂という深い水深の海域が存在しています。第2章に書いたように、中琉球の生き物たちは、中国大陸や南琉球とは200万年前以降、切り離され、まるで箱舟に乗った動物たちのように島の中で生き続けてきたものだと考えられています。もちろん、海に囲まれた島にも、自力で飛べる生き物たちは渡っていくことができます。または海流に乗って漂着することでたどりつける生き物もいるでしょう。ところが、宮古諸島と沖縄諸島の間を流れる黒潮は、南から北へと流れている海流です。海流の向きからすると、八重山方面から宮古諸島への生き物の移動は容易であると考えられるものの、その逆方向、すなわち沖縄諸島から宮古諸島への生き物の移動は容易ではないと考えられます。

このようにミヤコサワガニは、その存在自体が宮古諸島の生物相の起源を考えるうえできわめて貴重であり、棲息場所や棲息数が限られていることから、２０１０年には沖縄県の天然記念物に指定されました。

では、ミヤコサワガニが提示する二つの謎について、ほかの生き物を見ていくなかで考えていきましょう。

3　カタツムリに見るつながり

宮古諸島には、固有のカタツムリも棲息しています。カタツムリは移動が苦手です。また海水中に浸せば死んでしまいます。もちろん、島が陸続きであった時代に、陸上を移動して分布を広げたものもあるでしょう。しかし、カタツムリは、ほかの陸域と陸続きになっていた大陸島ばかりで見られるとは限りません。ハワイからは、多くの固有のカタツムリが知られていま す。ハワイのカタツムリが何種類なのかについては、文献によって数値が異なっていますが、例えば亜種、変種も含めると１４６１種にのぼるという種数を紹介しているものがあります。そのため、カタツムリの棲息自体を、ほかの陸域とのつながりに結び付けることはできません。

なお、生物学では、殻をもつカタツムリだけでなく、殻をもたないナメクジも含めて、陸貝と総称します。宮古島の陸貝について、紹介しましょう。

ここで沖縄県の総面積に対しての、各島の割合をだし、比較してみます。すると、沖縄島53％、石垣島9・8％、宮古島7・0％、与那国島1・3％といった値となります。

今度は、沖縄県から報告されている昆虫の総種数（7732種）に対して、各島から記録されている昆虫の種数がどのくらいの割合になるかを示してみましょう。

沖縄島　54％
石垣島　43％
宮古島　16％
与那国島　16％

面積の大きな沖縄島で、多数の昆虫が記録されています。それに続いて、面積の比較では沖縄島よりもずいぶんと小さな石垣島から、沖縄島に肩を並べるほど多数の昆虫が記録されているのがわかります。昆虫は南に行くほど種数が多く見られるという傾向を示すものだといえます。ところが、面積でいえば、石垣島より少し小さな宮古島を見るとどうでしょう。記録された昆虫の種数は石垣島に遠く及びません。これは低島の宮古島では森林面積が少ないことや、河川が発達していないこと、さらには人為による改変が大きいことの結果を示しているでしょう。面積ではかなり小さな与那国島から、宮古島と同等の昆虫の種数が記録されていることがこれを裏付けます。与那国島は低島と高島があわさった環境の島であり、島全体として見れば、宮古島よりも森林が残されている結果であるわけです。

では陸貝の場合はどうでしょう。沖縄県の陸貝の総種数は141種という数値が出されています。また、宮古諸島全体の陸貝の総種数は45種であるという報告があります。すなわち、陸貝は沖縄県から記録されている種数の3分の1近くが宮古諸島から記録されていることになります。陸貝の場合、低島といっても種数が極端に少なくならないことを示しているといえます。

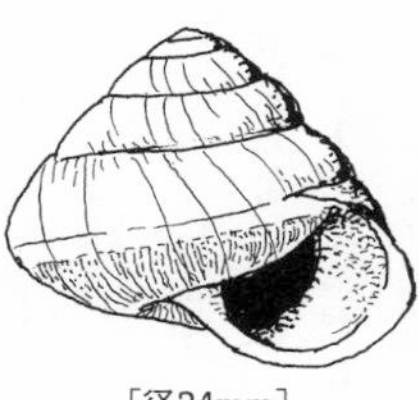
［径24mm］
ウラキヤマタカマイマイ

［径23mm］
ミヤコヤマタニシ

宮古諸島の陸貝には、ミヤコオキナワギセル、ウラキヤマタカマイマイ、ミヤコオカチグサ、ミヤコゴマガイ、タラマノミギセル、サキシマヒシマイマイ、イトカケマイマイ、アカマイマイ、ミヤコダワラといった多くの固有種も存在しています。

このうち、宮古諸島固有の陸貝のイトカケマイマイの仲間は台湾や中国大陸に見られ、台湾のタイワンイトカケマイマイに最も近縁といわれています。また最近、西表島から近縁の別種が発見されました。このように、イトカケマイマイは南琉球および台湾とのつながりを示す陸貝だといえます。同様に、アカマイマイも、八重山に近縁のオオベソマイマイが分布しています。

これに対して、ウラキヤマタカマイマイは、久米島のオモロヤマタカマイマイに近いことがわかっています。また、ミヤコオキナワギセルは沖縄島のオキナワギセルに近縁であり、宮古諸島の陸貝には、八重山の島々だけでなく、沖縄諸島とつながりをもつ種類があることがわかります。なかでもミヤコヤマタニシと名付けられ、それまで宮古諸島固有の陸貝と考えられていたものは、遺伝子の解析から、沖縄島の種類と近縁であるどころか、沖縄島のヤマタニシ類と同種内に含まれる地方集団であることが判明しました。こうして、遺伝子の解析という最新技術を駆使して、サワガニだけでなく、陸貝にも、沖縄諸島との深い関わりをもつものが見つかってきています。

4 ヘビとカエルが教えてくれること

宮古諸島のヘビについても見ていくことにします。宮古諸島には、移入種と考えられるブラーミニメクラヘビを除き、サキシマバイカダ、サキシマスジオ、ミヤコヒバァ、ミヤコヒメヘビ、サキシママダラが棲息しています。また、先に触れたようにハブの仲間は見られません。宮古諸島に棲息するヘビのうち、サキシマバイカダ、サキシマスジオ、サキシママダラは八重山諸島と共通する種類です。また、かつて奄美諸島から八重山諸島にかけて、ガラスヒバァと

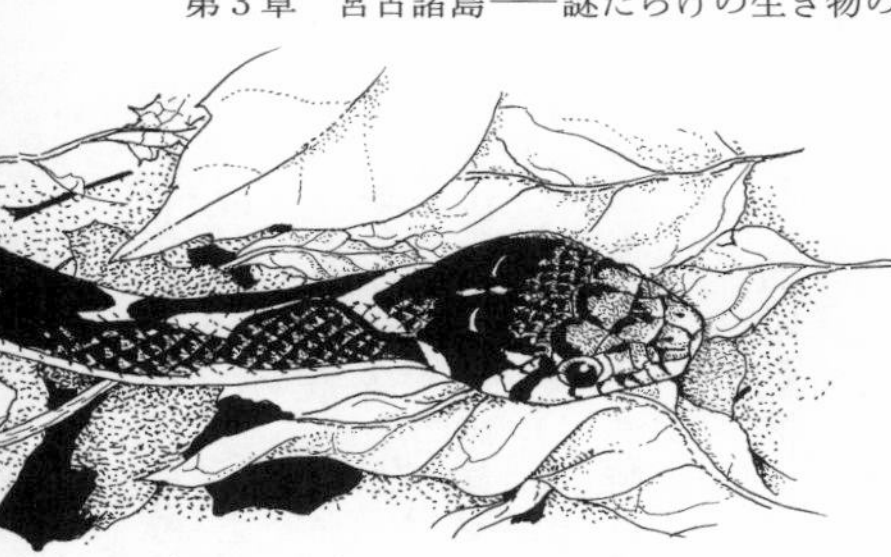
ガラスヒバァ

いう一種類にまとめられていたヘビは、現在、中琉球のガラスヒバァ、宮古諸島のミヤコヒバァ、八重山諸島のヤエヤマヒバァに分けられました。

やんばるの森の中で見ることのできるガラスヒバァは、夜行性の水辺を好む細身のヘビで、主な餌はカエル類です。分類的にはヤマカガシと同じユウダ科で、ヒバカリ属の一員のヘビとされています。

ヒバァ類の最近の遺伝子の解析によって、ミヤコヒバァは沖縄諸島のガラスヒバァに近縁という結果がでました。そしてその結果は、ミヤコヒバァは、沖縄諸島のヒバァが宮古諸島に移住して種分化したことを意味しています。同様の結果は両生類のヒメアマガエルの遺伝子の解析によっても表されています。ヒメアマガエルは、琉球列島で一種とされていたものが、八重山諸島のものは、中琉球のヒメアマガエルとは別種の固有種、ヤエヤマヒメアマガエルとして2020年に記載されました。その一方、宮古諸島のヒメアマガエルは、沖縄諸島のものと遺伝的に近いことがわかりました。

今のところ、なぜ、沖縄諸島と宮古諸島に近縁な動物が見られるのかについて明確な仮説は提出されていません。

以前に考えられていたように、「台湾から八重山、宮古島、沖縄・奄美にかけての陸橋がつながっていた」という仮説は、中琉球に遺存的な動物が多いことから否定されています。その一方で、「中琉球は南琉球とも本土とも古い時代から隔絶していた」という仮説も、ミヤコサワガニやミヤコヤマタニシ、ミヤコヒバァといった生き物の来歴をうまく説明できないことになります。宮古島の生き物たちの謎は奥が深く、容易にはその謎を解くことができません。そして、その謎を解き明かすことができるのは、宮古島の生き物をおいてほかにありません。今後、宮古島の生き物たちについての、さらなる研究が進むにつれ、この謎も少しずつ解けていくのではないでしょうか。

5 昔は動物天国？——化石の動物たち

宮古島は全域が琉球石灰岩に覆われていることから、一度、完全に水没した時期があるのは確かです。この石灰岩の堆積時期は27万〜10数万年前とされています。

ところで、石灰岩地には、陸上動物の化石が残りやすいということを、沖縄島南部のフィッシャーを例にして紹介しました。宮古島では、石灰岩の割れ目ではなく、各地に見られる鍾乳洞内の堆積物から多様な化石が見つかっています。

宮古島の石灰岩地から見つかった化石のうち、最も特徴的な存在が、ミヤコノロジカです。中琉球の島々からはリュウキュウジカとリュウキュウムカシキョンという小型のシカ類の化石が見つかっていることは先に触れました。このうちリュウキュウジカの化石は石垣島からも見つかっています。ところが宮古島から見つかっているのは、リュウキュウジカよりもずっと大型のシカの化石です。化石で見つかっているミヤコノロジカは、いぼ状突起の発達した角をもつもので、ほかの琉球諸島の島々から化石は発見されていません。このミヤコノロジカは中国大陸東部に現生するノロジカに近縁と考えられています。

宮古島のピンザアブと呼ばれる洞窟からは、ミヤコノロジカの化石が多数見つかっていますが、そのほかにも、ケナガネズミの仲間と思われる化石や、現在、琉球列島には棲息していないハタネズミの仲間の化石、またリュウキュウイノシシよりも大型のイノシシの化石、イリオモテヤマネコよりも大型のネコ科の動物の化石が見つかっています。いずれも興味深いものですが、加えてハブの仲間と考えられるヘビの背骨の化石が見つかっています。このヘビが、中琉球のハブに近縁なのか、南琉球のサキシマハブに近縁なのかは、まだわかっていません。ただし、この「ハブ」は推定で体長が２・５メー

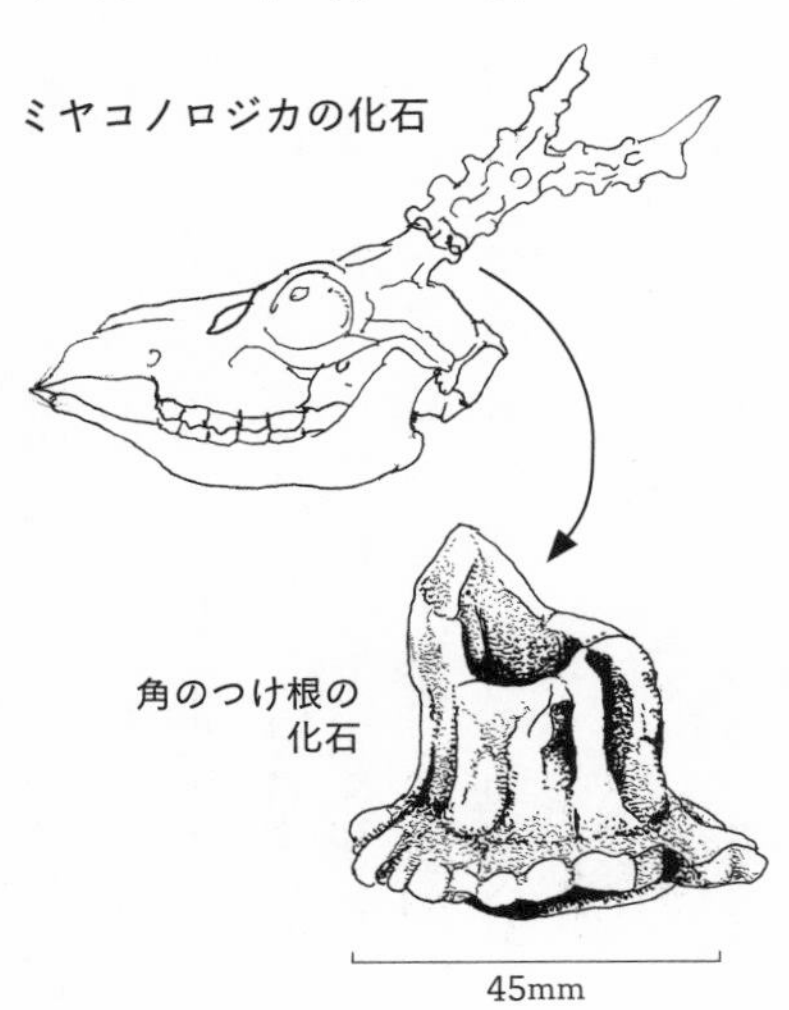

ミヤコノロジカの化石

トルにも達していたと考えられています。宮古諸島にハブがいない理由として、かつて宮古諸島のような低島は水没したからだという仮説が提唱されました。しかし、宮古諸島の石灰岩が形成されたのは、27万〜10数万年前のことで、その一方でピンザアブの化石の年代測定は、木片から2万6000年前頃（港川や具志堅のフィッシャーと同年代）であることが示されています。つまり、宮古島にハブがいないのは、宮古島が水没したからではなかったことになるわけです。また、わずか3万年前ほどには、宮古島にはノロジカをはじめ、現在絶滅してしまっている動物を含めて、実に多様な動物たちが暮らしていたのです。宮古島は、かつて動物天国ともいえるほどの島だったわけです。

ピンザアブからは、哺乳類だけでなく、鳥類の化石も発掘されています。ピンザアブから見つかった鳥の化石は、アカチャゴイ、サシバ、ノスリ、ハイイロガン、ミフウズラ、ヒクイナ、アマミヤマシギ、カラスバト、ヒヨドリ、オオトラツグミ、シロハラといった鳥たちのほか、2種類のカラス（1種はハシブトガラス）と、無飛力のツルの一種や、同じく無飛力のクイナの一種という報告があります。この時代には、オオトラツグミやアマミヤマシギは宮古諸島にも分布していたわけです。さらに、宮古島にもヤンバルクイナのような無飛力のクイナが棲息していたのです（こうしたことから見ても、ヤンバルクイナが現在まで生き延びているのは奇跡的です）。また、ツルの仲間にも飛べない種類がいたわけです。この鳥は、いったい、どんな姿や生態をもった鳥だったのでしょうか。

では、こうした多様な哺乳類や鳥が、現在の宮古島では見られなくなってしまっているのは、なぜでしょう。

ピンザアブの化石が堆積した以後、宮古島が水没したことは考えられません。動物たちの絶滅した要因として考えられるのは、環境の変化と人為によるものです。氷期が終了し、陸域の面積が減少するにつれ、残された島で生き延びるためには、例えば肉食のネコ類などにとっては資源確保が厳しいものがあったでしょう。ただし、環境要因だけが絶滅の原因ではなかったのではないかと考えられています。ピンザアブからは人骨も見つかっていて、この時期、ヒトが島に渡来していることが明らかだからです。沖縄諸島でリュウキュウジカが絶滅した理由として人為の影響が大きいと考えられているように、宮古諸島における動物相の変化も、人為の影響は大きいと考えられます。

6　生き延びた固有種——ヒキガエルとカナヘビ

宮古諸島にはかつて、きわめて豊かな生物相が見られたことが化石からわかります。また、ミヤコノロジカのように、大陸とのつながりがあると同時に、琉球列島の他の島々から知られていない動物が宮古諸島には見られたこともわかっています。これらの動物たちが姿を消した要因は確定がなされていませんが、諸島がすべて水没するような現象が起きたからではないことは、多様な生き物の化石がわずか数万年前の時代のものであるのと同時に、この時代の絶滅を乗り越えて生き延びている固有の動物たちが今も見られることによって明らかです。

そうした「謎の絶滅」を生き延びた宮古諸島固有の動物の一つが、ミヤコヒキガエルです。中琉球、南琉球を見渡しても、移入種のオオヒキガエルは別として、ミヤコヒキガエル以外、ヒキガエルの仲間は見られません。なぜ、宮古諸島にだけヒキガエルの仲間が見られるのかも、宮古の動物たちにまつわる謎の一つといえます。ミヤコヒキガエルは中国大陸のチュウゴクヒキガエルに最も近縁であることがわかっていて、遺伝子の解析からは、チュウゴクヒキガエルとは、およそ90万年前頃に分かれたと推定されています。ミヤコヒキガエルは中国大陸との生物相のつながりを示す生き証人なわけです。

「謎の絶滅」を生き延びた、もう一つの動物を紹介しましょう。宮古諸島に棲息する緑色のカナヘビは、かつて奄美・沖縄諸島に棲息しているアオカナヘビと同種に位置付けられていました。ところがあらためて形態が詳細に調べなおされたところ、宮古諸島のカナヘビはアオカナヘビと別種であると明らかになりました。その結果、宮古島産の緑色のカナヘビは、固有種のミヤコカナヘビとして記載されることになりました。そして、その後の遺伝子の解析によって、ミヤコカナヘビはアオカナヘビとは遠縁であることも明らかになりました。ミヤコカナヘビに近縁なのは台湾産や中国大陸産のカナヘビだとわかったのです。ミヤコカナヘビもまた、中国大陸と宮古島のつながりを示す生き証人だったわけです。

以上のように、宮古諸島の動物相の来歴には謎が多く、その謎はまだ解明されていません。ミヤコサワガニに見られるような沖縄諸島とのつながりの謎に加え、宮古諸島だけに見られた、または見られる中国大陸とつながりをもつ動物（ミヤコノロジカ、ミヤコヒキガエル）の存在の理由は謎です。さらには一度水没しているはずの宮古島に、長い歴史の中で生み出された固有の動物たちがいる理由に関しての謎もあります。後者には、宮古島が水没した時期に、代わりに近隣に広い陸域があり、その陸域が水没する際に、今度は宮古諸島が陸化し、水没した陸域の生き物が移住してきたのではという仮説もだされていますが、検証されたわけではありません。

ここに心配なことがあります。

低島である宮古諸島は、ただでさえ人間の改変を受けやすい自然条件を備え、すでに多くの改変を受けてきています。さらにこの島々にも、外来種問題が存在します。宮古諸島には、イタチやクジャクなどの外来動物が持ち込まれ定着し、それによって在来の動物が減少してきています。クジャクは宮古島と伊良部島で、200羽ほど棲息しているとされ、雑食性のクジャクが小動物に与える影響は大きいと考えられます。

ミヤコカナヘビも、かつてよりもずっと、その姿を見ることがまれ

ミヤコヒキガエル

になってしまっています。そうしたことから、ミヤコカナヘビは2019年に、沖縄県の天然記念物に指定されました。県の天然記念物に指定された、ここ最近の2種類は、ミヤコカナヘビとミヤコサワガニという、ともに宮古諸島産の生き物です。宮古島の生き物の特異性を表すとともに、宮古諸島の生き物の特異性が明らかになったのが、最近になってからのことだという事情もよく示しています。

宮古島の中のまとまった緑地に、大野(おおの)山林があります。大野山林は植林によって作られた緑地です。高木はリュウキュウマツやテリハボクなどの植栽された木々が見られますが、自然植生のタブなども育ちつつあります。宮古島のような低島にあっては、植林された林であっても、大野山林のような緑地は貴重といえます。昼間、運が良ければミヤコカナヘビの姿を見ることができるかもしれません。夜に森を歩けば、ミヤコヒキガエルやミヤコマドボタルの姿を見ることができるでしょう。同時に、道路上の水たまりにはヤエヤマイシガメの姿があるかもしれ

ミヤコカナヘビ

ません。ヤエヤマイシガメは八重山諸島原産のカメであり、宮古島のものは国内外来種です。宮古諸島からは、化石としてオオヤマリクガメのほか、固有と考えられるイシガメの仲間（ミヤコイシガメ）が産出していますが、いずれも絶滅していて、現在、宮古諸島で見られる陸棲や淡水棲のカメ類（ヤエヤマイシガメ、クサガメ、セマルハコガメ、ミシシッピアカミミガメ、ニホンスッポン）はいずれも移入種なのです。

八重山諸島のヤエヤマイシガメは県の希少野生動植物に指定されているので捕獲は禁止されていますが、県内のさまざまな島に移入されています。ヤエヤマイシガメは宮古島では１９９２年に初めて見つかったのち、繁殖も確認されるようになっただけでなく、ミヤコサワガニの棲息地では、ミヤコサワガニを捕食していることがわかったため、駆除対象になっています。

このように、同じ国内、県内に産する動物といえども、島を越えて持ち出し野外に放すことは、島の生態系や、島の生き物の遺伝子組成を乱すことにつながってしまいます。

7　日本最美のゴキブリの発見

海洋島であるハワイにはもともとゴキブリは1種もいませんでした。ゴキブリも、海上を長距離移動するのが苦手な昆虫の一つでしょう。しかしゴキブリの中には人間生活に密着することで、汎(はん)世界的な分布が見られるようになった種類もいます（現在、ハワイには人間が持ち込んだゴキブリが普通に見られます）。多くの人にとって、ゴキブリというのは人家に出没する「きたない」「こわい」「不快な」虫です。しかし、ゴキブリ目は世界から7500種（このうち3000種はシロアリです）が知られるものの、人家に出没するものはわずか10数種にすぎません。ほとんどのゴキブリは一生を野外で暮らし、人々の目に入らないものたちなのです。

昆虫の仲間は南に行くほど種類が多く見られる傾向があります。これはゴキブリの仲間も同様です。日本の中でも琉球列島はゴキブリの種類が多く見られる地域です。また、ゴキブリの中には、人為によらずとも比較的広い範囲で見られる種類と、限定された地域でしか見ることのできない種類があります。宮古島からは、ミヤコモリゴキブリとミヤコホラアナゴキブリ（ホラアナゴキブリの亜種）というように、宮古の名を冠したゴキブリが知られていますが、いずれも森林の限られた宮古島では棲息に適した環境には恵まれていないと考えられ、その姿を見ることは容易ではありません。

ところで、日本産のゴキブリは、総説である『日本産ゴキブリ類』が出版された1991年当時は移入種も含めて合計52種でした。ところが2022年現在の日本産ゴキブリの総種数は64種となっています。1991年以降、新たに棲息が確認された移入種や、新種として記載されたゴキブリがいるためです。その中に、宮古島で発見された固有のゴキブリもいます。

日本産ゴキブリの中で、石垣島・西表島に分布するルリゴキブリは前胸と上翅全体が瑠璃色に輝く美麗なゴキブリとして以前から知られていました。ところが、このルリゴキブリの仲間に、未記載の種類がいることがわかり、記載、報告がなされることになります。まず、宇治(うじ)群島家島(いえじま)（宇治島(うちま)）、トカラ列島悪石島、奄美大島、徳之島産のアカボシルリゴキブリ（上翅に三つのオレンジ色の紋がある）と与那国島のウスオビルリゴキブリ（上翅に滲(にじ)んだような赤い帯状の紋がある）が２０２０年に新種として記載されました。つづいて２０２１年に記載されたのが、宮古島固有のベニエリルリゴキブリです。この種類は上翅に鮮やかな幅広のオレンジ色の帯状紋があるのに加え、上翅の基部に黄赤色の微毛があるのが特徴となっています。ベニエリルリゴキブリは、まさに日本最美のゴキブリといえます。ベニエリルリゴキブリの記載者の柳澤静磨(やなぎさわしずま)さんによれば、このゴキブリはきわめて狭い範囲にしか棲息が認められなかったといいます。そうしたことから、この種は記載後、すぐに採集が禁止される措置がとられました。

宮古島は面積の割に昆虫の種数が少ないと述べましたが、宮古島の限られた森の中に、このような、それまで知られていない昆虫が潜んでいたわけです。宮古諸島からは、まだこれからも、新たな生き物の発見がなされるのではないでしょうか。

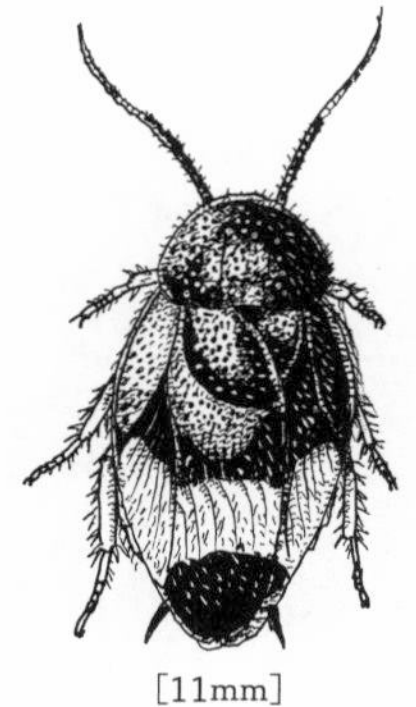
［11mm］

ベニエリ
ルリゴキブリ

第4章　八重山諸島

不思議な生き物たち

1　八重山諸島と尖閣諸島

八重山諸島には、石垣島、西表島という、沖縄の島々の中でも沖縄島に次いで大きな島々があるほか、日本最西端に位置し、台湾に最も近い与那国島や、有人島の中で日本最南端の波照間島があります。八重山諸島に含まれる島々として、さらに鳩間島、竹富島、黒島、小浜島、新城島といった名をあげることができます。これらの島々のうち、石垣島と西表島は高島で、石垣島には沖縄県一の最高峰、於茂登岳（525・5メートル）もあります。また石垣島の宮良川、西表島の仲間川、浦内川は琉球列島の中では大きな河川であり、その河口部にはマングローブ林が発達しています。これら、石垣島、西表島の二つの高島には、多様な生き物が棲息しています。与那国島も、高島と低島の要素が混じった島であり、面積の割に生き物の種類は豊富であり、またほかの島々とは異なった生物相であることも知られています。

これらの島々の玄関口にあたるのが、石垣島です。与那国島には石垣空港から与那国島行の飛行機を乗り継いでいくことになります。また、石垣島の離島桟橋には、八重山諸島の各島と結ぶ船が発着します。

また、琉球諸島（南西諸島）と呼ばれる島々の中に、琉球列島の連なりからはずれた尖閣諸島があります。尖閣諸島は無人島ですが、戦前、石垣島の古賀（こが）商店が海鳥採取などの事業を行い、一時的に住居も建てられていました。かつて、石垣島の人々は、尖閣諸島のことを「古賀の無人島」とも呼んでいたという話を、琉球大学学長も務めた生物学者の高良鉄夫（たからてつお）先生は著書の中に書いていています。そうしたことがあるので、本書では、この第4章で、八重山諸島とあわせて尖閣諸島のことも紹介したいと思います。

2　イリオモテヤマネコの謎

八重山諸島の生き物といえば、イリオモテヤマネコを真っ先に取り上げないわけにはいきません。

世界の中で西表島だけに棲息しているイリオモテヤマネコは、体重が3～5キロほどの小型ネコで、野生ネコ科の中で最も狭い範囲の中で暮らしているネコです。

イリオモテヤマネコの発見は、1965年のことです。もっとも、ヤンバルクイナ同様、学会に発表される以前も、島の人々はこの動物の存在を知っており、「ヤママヤー」や「ヤマピカリャー」などと呼んでいました。イリオモテヤマネコはイノシシ猟の罠にかかることがあり、そうしてとらえられたヤマネコは、薬用にされることがあったと、島の人から聞いたことがあります。

イリオモテヤマネコの発見者は、動物をテーマにした作品を多く手掛けた作家の戸川幸夫さんです。戸川さんは西表島でイリオモテヤマネコの頭骨と毛皮を入手し、これを東京に持ち帰ります。この標本によって、西表島に未知のヤマネコがいることが判明し、生きた個体が探し求められ、結果、1967年、新種のヤマネコとして記載発表されました。

イリオモテヤマネコの発表時の学名は、マヤイルルス・イリオモテンシスというものです。発表当時、イリオモテヤマネコは新属新種のネコと考えられたために、こうした学名がつけられました。イリオモテヤマネコの記載を行った動物学者の今泉吉典さんが、形態の特徴から、原始的なヤマネコの生き残りであると考えたためです。

しかし、その後の研究の蓄積により、イリオモテヤマネコは台湾に棲息しているベンガルヤマネコと関係が深いことがわかりました。ベンガルヤマネコは南アジアからロシアの極東地方、さらにはインドネシア東部からフィリピンにかけてと、広い範囲に分布するヤマネコで、日本にはその亜種にあたるツシマヤマネコが対馬に棲息しています。イリオモテヤマネコは、原始的なヤマネコではなく、ツシマヤマネコと同様にベンガルヤマネコの亜種にあたり、遺伝子の解析からは、ベンガルヤマネコの亜種である台湾のタイワンヤマネコと9万年前に分岐したと推定されています（対馬のツシマヤマネコは、およそ3万年前に朝鮮半島のベンガルヤマネコの個体群と分岐したと考えられています）。イリオモテヤマネコは、外見上、ベンガルヤマネコのほかの亜種に比べて全体に色が黒っぽく、同じベンガルヤマネコの亜種でもツシマヤマネコの毛色はより明るいという違いがあります。

イリオモテヤマネコは、島に隔離分布されたベンガルヤマネコが、島という環境に適応して現在の姿となったものです。

先に触れたように、イリオモテヤマネコは、世界の野生ネコの中でも、最も狭い棲息域の中で暮らしているネコです。肉食哺乳類が棲息し続けるためには、一定以上の面積が必要です。それは獲物となる動物の個体数が一定以上いなければ生存ができないからです。面積の小さな

イリオモテヤマネコ

島で肉食哺乳類が生活するのは、かなり難しいことになります。しかも西表島には、人間の持ち込んだクマネズミはいますが、もともと、ヤマネコの餌となるようなネズミもウサギもいなかったと考えられていました。そのような西表島で、ヤマネコが長い年月生き延びられたのはかなり驚きに値します。いったい、イリオモテヤマネコは、なぜ西表島で棲息し続けることができたのでしょう。

その秘密は、イリオモテヤマネコの餌にあります。

イリオモテヤマネコは、世界のほかの地域で見られる野生ネコ類と、かなり食生活の内容が異なっているのです。

イリオモテヤマネコの食性調査からわかった、餌となっている生き物のリスト内容を見てみましょう。イリオモテヤマネコは開けた場所の石の上などに糞をする習性があるため、比較的容易に糞を回収し、その内容物を調べられます。食性の調査がしやすいのです。糞の内容分析からは、カマドウマ類、マダラコオロギ、ヤエヤママダラゴキブリといった昆虫類のほか、クマネズミ、イノシシ、ヤエヤマオオコウモリといった哺乳類、コサギ、ツミ、オオクイナ、シロハラクイナ、キジバト、キンバト、ズアカアオバト、アカショウビン、シロハラ、オサハシブトガラスといった鳥類、サキシマキノボリトカゲ、サキシママダラ、サキシマスジオ、サキシマハブ、キシノウエトカゲといった爬虫類、オオハナサキガエル、ヤエヤマアオガエル、ヌマガエル、ハラブチガエル、ヤエヤマヒメアマガエルといった両生類が判別されています。

このうち、リュウキュウイノシシの成獣はイリオモテヤマネコの手に余る獲物ですから、餌となったのは、幼獣か死んだものであったでしょう。イリオモテヤマネコが、飛翔（ひしょう）性のオオコウモリを捕まえ、餌としていることには、驚かされます。しかも、食性調査の結果からは、たまたま捕らえたことがあるというのではなく、高頻度で捕まえていることがわかっています。イリオモテヤマネコはオオコウモリ以外にも、樹上性の鳥類を餌としていることから、樹上での狩りをすると考えられています。ただし、オオコウモリをどうやって捕獲しているかは、まだ謎のままです。イリオモテヤマネコが、カンムリワシの巣内で、巣立ち間もない雛を捕食したという報告もあります。

食性調査の結果、イリオモテヤマネコが最も頻繁に餌としていたのは、人間が島に持ち込んでのち、定着したクマネズミでした。ただし、カエル類をよく食べていることも、同時にわかりました。このカエルを食べているというのが、イリオモテヤマネコの特徴であり、また、イリオモテヤマネコが小さな島で生き続けられたことの秘密です。

ネコ科の中にとどまらず、食肉類全体を見渡しても、カエルを高い頻度で餌としている種類は珍しいのです。イリオモテヤマネコは、島に見られる多様な生き物を広範囲に餌とする生態を獲得したため、小さな島の中で生き続けることができたのだと考えられています。イリオモテヤマネコはカエル類や昆虫類、はては甲殻類や魚類までも餌とします。

ツシマヤマネコの場合はどうでしょう？　ツシマヤマネコの糞の90％からはネズミ類と食虫

類が見つかっています。ボルネオのベンガルヤマネコの糞の分析結果も同様です。やはり、ベンガルヤマネコは、基本的に、ネズミなどを食べている肉食獣なのです。ところがイリオモテヤマネコの場合、クマネズミが糞の中から見つかる頻度が高いといっても、約20%なのです。

こうしたイリオモテヤマネコの食生活の特殊性は、先に書いたように、もともと西表島には在来のネズミがいなかったためだと考えられてきました。しかし、近年になって、この考えを覆す、新たな事実がわかってきました。

石垣島に新空港を建設する際に発掘された遺跡（白保竿根田原洞窟遺跡）から約2万年前の人骨とともに、ネズミ類の骨（シロハラネズミの一種）が見つかったのです。つまり、その頃には、西表島にも在来種のネズミがいたと考えられるようになったのです。また、2万年前に人類が島に現れた頃と時を同じくしてクマネズミも現れたこともわかりました。かなり古くからクマネズミは島々に渡ってきていたのです。イリオモテヤマネコはもともと、シロハラネズミを餌にしていて、シロハラネズミが絶滅後、代わりにクマネズミを利用するようになったのかもしれません。

イリオモテヤマネコに電波発信機を付け、行動を調査した結果からは、イリオモテヤマネコが水辺（川、マングローブ林、水田）に依存していることもわかっています。イリオモテヤマネコは、ネコ科の動物としては珍しく水に入ることを嫌がらないのも、際立った特徴とされています。もともと在来のネズミがいたにせよ、イリオモテヤマネコが、カエルをはじめとした多様な生き物を利用していたことに変わりはなさそうです。

なお、現在、八重山諸島にシロハラネズミがいない理由は謎です（クマネズミが滅ぼしたのではという仮説もだされています）。また、竿根田原遺跡からはヤマネコの化石も見つかっていて、かつては石垣島にもヤマネコが棲んでいたことがわかりました。石垣島では、どこかの時点でヤマネコが絶滅してしまったわけです。これは、やはり人間が島に住みつくようになったことと無縁ではないでしょう。

限られた面積、資源の島にうまく適応し、さらに石垣島のように絶滅してしまうこともなく、西表島では現在に至るまで生き延びてきたイリオモテヤマネコですが、その推定個体数は100頭余りにすぎません。これは、これからの人間活動の影響いかんによっては絶滅に追いやられる危険性がある状況といえるでしょう。西表島の道路には、ヤマネコの交通事故防止を、車の運転者に呼びかける標識も立てられています。西表島を訪れる際は、イリオモテヤマネコを絶滅の淵（ふち）に追いやることのないよう、心がけたいと思います。

3　ヤマネコとならぶアンブレラ種――カンムリワシ

八重山諸島の生き物の中で、イリオモテヤマネコと並んで有名なのがカンムリワシでしょう。両種とも特別天然記念物に指定されています。またカンムリワシをモチーフにしたキャラクター（ぱいーぐる）は、石垣空港のマスコットキャラクターになっています。

カンムリワシは八重山諸島だけに見られる鳥ではありません。カンムリワシは台湾、中国、タイ、インドシナ半島、インド、フィリピンなどに広く分布している鳥です。ただし棲息地域ごとに亜種に分けられています。西表島と石垣島のカンムリワシも、八重山固有の亜種とされているものです。

カンムリワシ

イリオモテヤマネコは、島という限られた環境の中で暮らすヤマネコでした。では、同じく島の中で暮らす、さまざまな餌を捕る独特の生態をもつヤマネコでした。では、同じく島の中で暮らすカンムリワシは、どのような餌を捕っているのでしょう。
西表島におけるカンムリワシの営巣地での観察では、巣下で採取されたペリットと、雛への給餌の直接観察から、ベンケイガニ、クロベンケイガニ、タイワンクツワムシ、甲虫類、カエル類、キシノウエトカゲ、サキシマハブ、クマネズミなどが雛の餌となっていることが報告されています。ワシという名をもつ鳥がカニを食べているというのは、ちょっと意外な気がするかもしれません。海外では、シロアリの羽アリをカンムリワシが食べていたのを観察したという報告もあります。

事故にあったカンムリワシの胃袋の調査からは、ミミズ、ベンケイガニ、セミ、バッタ、オオハナサキガエル、キシノウエトカゲ、イシガメ類、シロハラクイナといった内容物が報告されています。

カンムリワシの餌のリストに名があがっているキシノウエトカゲは全長が40センチを超えることもある日本最大のトカゲです。宮古諸島、八重山諸島固有種で、国の天然記念物に指定されています。特別天然記念物が天然記念物を餌にしているのです。

なお、最近、カンムリワシの食性調査に関して、新たな手法がとられるようになりました。

先に紹介したように、ヤマネコの食性調査は糞の中の未消化物によって行われてきました。ところがカンムリワシでは、未消化物はペリットとして吐き出され、糞は水溶性の排泄物（はいせつぶつ）のみが含まれるだけです。そのため、カンムリワシの食性調査

キシノウエトカゲ

として、糞のDNA解析が用いられるようになったのです（同様にヤマネコの糞でも、新たにDNAによる解析が行われるようになってきています）。

結果、カンムリワシは、例えば昆虫ではクマゼミ、シタベニセスジスズメ、イリオモテモリバッタ、マダラコオロギ、タイワンクツワムシを餌としていることがわかりました。また、カンムリワシがよく利用している餌にカエルがあることもわかりました。利用するカエルには季節による違いが見られ、夏場はサキシマヌマガエル、オオハナサキガエルをよく捕食し、冬場はヒメアマガエル、ヤエヤマアオガエルをよく利用します。また、ヤモリ類やサキシマスベトカゲ、サキシマカナヘビなどのトカゲ類も餌としていることがわかりました。

カンムリワシは英語ではクレステッド・サーペント・イーグル（冠のあるヘビ食いタカ）と呼ばれているのですが、その名の通り、糞からはヘビ類（サキシマアオヘビ、バイカダ）のDNAも検出されています。ただし、ヘビの餌に占める割合は、さほど多くはありません。鳥類では、シロハラクイナが最も多く検出されています。また、カンムリワシは年間を通じて、ベンケイガニ類やトビズムカデ類もよく食べていることがわかりました。

カンムリワシはこのように、カエル類、トカゲ類、シロハラクイナ、カニ類などをよく食べているわけですが、これらの動物はロードキル（車の被害による死亡）にあいやすく、カンムリワシは直接これらの動物を狩ったのではなく、ロードキルにあった動物を餌としている可能性が指摘されています。実際、道路わきの電柱や樹木上に留まっているカンムリワシの姿を見かけることはよくあります。こうしたことから、カンムリワシ自体がロードキルにあってしまうこともあり、その被害は年々増加しています。西表島、石垣島を車で走る際は、ヤマネコだけでなく、カンムリワシの交通事故についても注意が必要なのです。

なお、台湾の亜種、オオカンムリワシは、食物の大半がヘビ類、カエル類で、ほかにムカデ、ミミズ、鳥類などを捕食していることが知られています。カンムリワシの場合は、八重山諸島以外の棲息地のものもさまざまな動物を餌とするもののようです。ただし地域によっては、ヘビなどを餌とする割合がより多いということかもしれません。

カンムリワシもこのように、イリオモテヤマネコ同様に、さまざまな動物を食物として利用しているわけです。そして、両者とも生態系の頂点にいる動物といえます。第2章でノグチゲラはアンブレラ種であると紹介しました。八重山諸島においては、カンムリワシやイリオモテヤマネコがアンブレラ種にあたります。カンムリワシやイリオモテヤマネコが生存し続けていられれば、その餌となっている多くの生き物たちも同時に生き続けられる条件が整っていることになるからです。

4　不思議な暮らしの両生・爬虫類――アイフィンガーガエル、イワサキセダカヘビ

イリオモテヤマネコの遺伝子の解析からは、ベンガルヤマネコと分岐した年代がそれほど古

くないことがわかりました。つまり八重山諸島は沖縄諸島や宮古諸島に比べ、比較的最近まで、台湾と陸続きになっていた時期があったということになります。

やんばるの森では、国の天然記念物に指定されているリュウキュウヤマガメが見られますが、石垣島や西表島の森では、それと替わって、国の天然記念物に指定されているヤエヤマセマルハコガメを見ることができます。

セマルハコガメの腹甲には蝶番(ちょうつがい)的な構造があり、頭や手足をひっこめたあと、さらに腹甲を折り曲げることで、すっかり甲で覆われた防御態勢をとることができます。これが箱亀という名前の由来です。こうした違いがあるものの、セマルハコガメとヤマガメは同じイシガメ科に属しており、両種の雑種が報告されたこともあります。

ところで、リュウキュウヤマガメは、近隣の地域に近縁種が見られない、遺存種と呼ばれるものでした。一方、ヤエヤマセマルハコガメは、台湾・中国大陸に見られるチュウゴクセマルハコガメの亜種にあたるものです。

八重山諸島の淡水域に棲息しているヤエヤマイシガメも、ヤエヤマセマルハコガメ同様に、同種の別亜種（ミナミイシガメ）が台湾や中国大陸に分布しています。

八重山諸島に見られる両生・爬虫類は、ここまで書いたように台湾・中国大陸とのつながりが深い種類が多いのですが、たとえ遺存種と呼ばれる種類ではなかったとしても、日本において、八重山諸島のみで見られるものたちであり、その地域の固有性を明らかにしてくれる存在であることに変わりはありません。

また、八重山諸島で見られる両生・爬虫類には不思議な生態をしたものも見られます。いくつか紹介してみることにしましょう。

石垣島の森に、夜でかけると、森の中からピッ、ピッという高い声が聞こえてきます。まるで虫の音のようにも聞き取れるこの声は、アイフィンガーガエルの鳴く声です。このカエルも、台湾と共通して見られるカエルです。

アイフィンガーガエルが変わっているのは、樹洞にたまった水の中で幼生が育つことです。アイフィンガーガエルの産卵は樹洞で行われますが、直接水中に卵を産み落とすのではなく、樹洞の水面上に卵を産み付けます。さらに、卵が乾燥するのを防ぐために、オスが卵塊の上に乗るという習性も観察されています。

ところで、樹洞内にたまった水の中などに、卵からかえったオタマジャクシが成長するのに十分な餌などあるのでしょうか？

セマルハコガメ

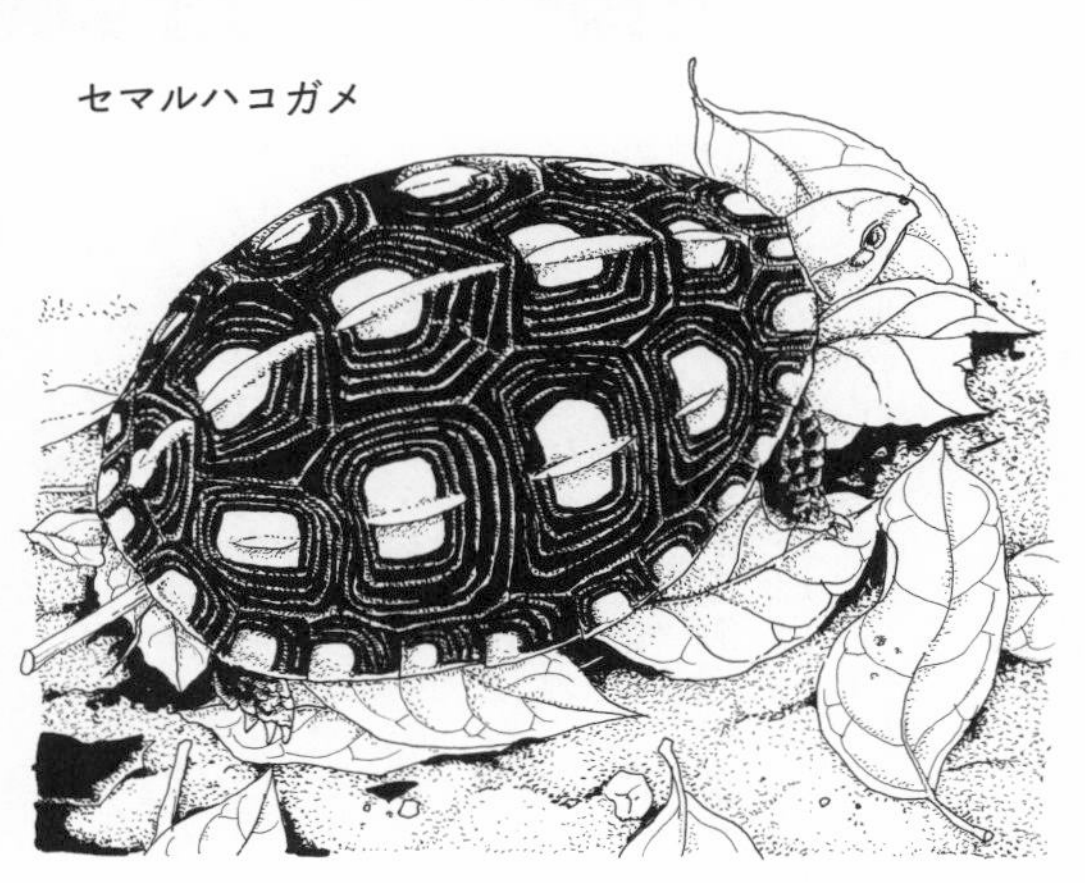

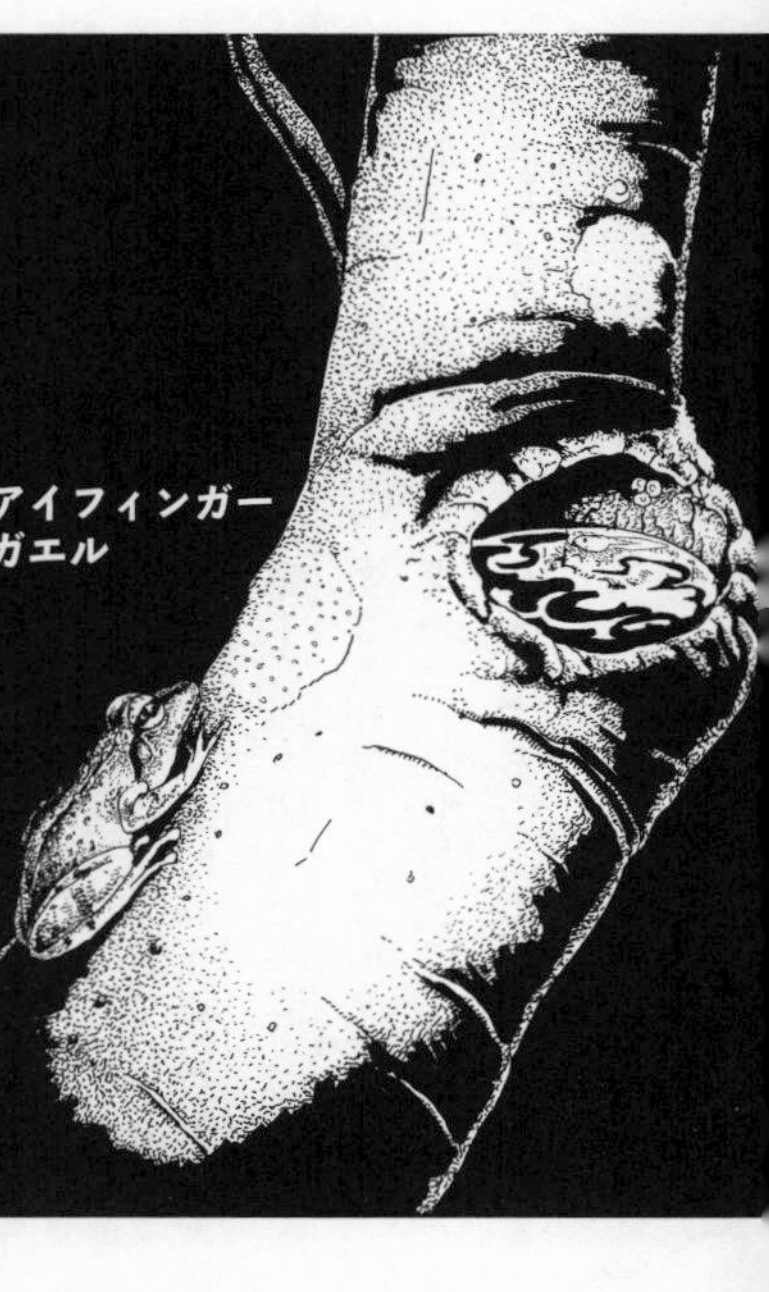

　実はアイフィンガーガエルは、オタマジャクシに給餌することが知られているカエルなのです。給餌といっても、親ガエルが餌を捕まえてきてオタマジャクシに与えるわけではありません。オタマジャクシの餌となるのは、メスが産み落とす未受精卵なのです。アイフィンガーガエルが樹洞内の水中に直接卵を産まない理由もここにあります。もし樹洞内にすでにオタマジャクシがいた場合、水中に直接卵を産むと、卵は捕食されてしまうでしょう。

　ヘビの中で特徴的な生態をもつものは、カタツムリを専食するイワサキセダカヘビです。台湾には近縁のタイワンセダカヘビが分布していますが、イワサキセダカヘビはそれとは別種にあたる八重山諸島の固有種とされています。

　このヘビはカタツムリを見つけると、後ろから接近して、柔らかな軟体部にかみつきます。もちろん、かみつかれたカタツムリは殻の中に軟体部をひっこめようとします。ところがヘビの下顎の歯が、しっかり軟体部に刺さっているため、ヘビをふりほどくことはできません。カタツムリが軟体部を殻の中へひっこめたとき、ヘビの上顎は殻の外にありますが、下顎は軟体部と一緒に殻の中に引きずり込まれます。その後、ヘビは時間をかけて、軟体部を殻から引き出し始めるのです。ヘビの下顎は人間と異なり左右の顎が癒着しておらず、左右の顎を別々に動かすことができます。このため、イワサキセダカヘビは、左右の下顎を交互に軟体部からはずし、片方の下顎で軟体部を固定したまま、はずしたほうの下顎をさらに殻の奥に差し込み引き寄せる動作を続けることで、軟体部をきれいに殻から引き出して食べられるのです。

　ところで、カタツムリは一般には右巻きの種類がほとんどです。そして、イワサキセダカヘビは、右巻きのカタツムリから、殻の中身を引き出しやすいように、下顎の左右で歯の数が異なっている形態的な特徴があります。おもしろいのは、カタツムリのほうも負けてはいないことです。このようなカタツムリ食のヘビに対抗する形で、カタツムリ食の見られる地域では左巻きのカタツムリが見られるようになったという研究が発表されています。右巻

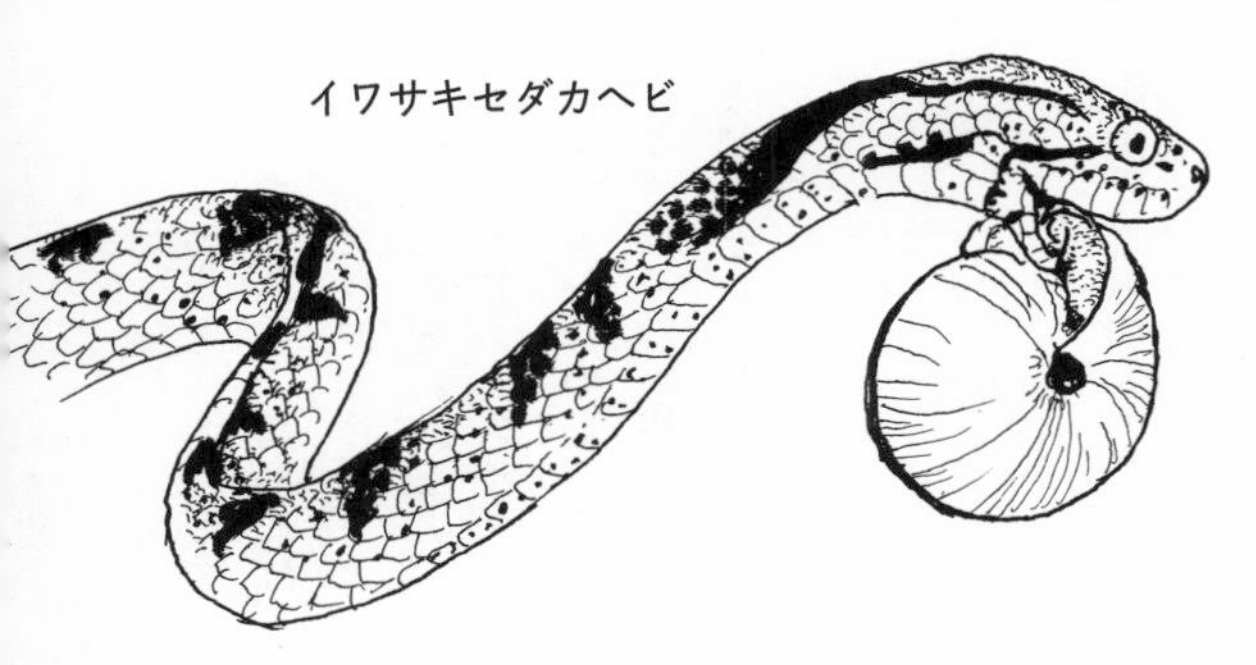

きのカタツムリを食べるのに適した体のヘビが左巻きのカタツムリを食べようとしても、うまく食べられないことが多いのです。実際、イワサキセダカヘビの棲息地である八重山諸島には、左巻きのクロイワヒダリマキマイマイが棲息しています。また、八重山諸島でイワサキセダカヘビの餌となっている、右巻きのイッシキマイマイは、幼貝のうちは、ヘビにおそわれると、軟体部後部を自切して本体は殻の中に隠れるという防衛手段を発達させています。トカゲのように、「しっぽ」を自切するカタツムリが発見されたのは、イッシキマイマイが初めてのことです（切れた軟体部後部は再生します）。イッシキマイマイは成貝になると、殻の口が独特な形に変形するという特徴がありますが、これもヘビの捕食への防御の効果があることがわかっています。

5　氷河期に渡ってきたチョウ——アサヒナキマダラセセリ

八重山諸島の生き物は、中琉球の島々の生き物たちよりも、台湾や中国に近縁のものが多く見られました。この傾向は昆虫でも同様に見られます。

例えばクワガタの仲間を見てみましょう。中琉球から南琉球にかけて、飛ぶことのできないマルバネクワガタの仲間が分布しています。このうち、石垣島、西表島、与那国島に棲息しているのはヤエヤママルバネクワガタです。このヤエヤママルバネクワガタは、中琉球のオキナワマルバネクワガタやアマミマルバネクワガタよりも、遺伝的に台湾や中国のマキシムスマルバネクワガタに近い種類です。

同じように八重山諸島のヤエヤマノコギリクワガタは、中琉球のアマミノコギリクワガタよりも台湾に分布するタカサゴノコギリクワガタに近い、八重山固有のクワガタです。ヒラタクワガタは、日本本土から台湾・中国・東南アジアにかけて広く分布していますが、八重山諸島産の亜種、サキシマヒラタクワガタは、遺伝的に見ると台湾産の亜種、タイワンヒラタクワガタに近縁だということがわかっています。

幼虫の時期を河川で過ごすトンボの仲間でも、八重山諸島産17種の中に沖縄諸島との共通種は見当たりません。その一方で、八重山諸島と台湾では11の共通種が見られます。なお、八重山諸島のトンボには、ヤエヤマハナダカトンボ、コナカハグロトンボなど6種の固有種と、マサキルリモントンボなど6種の固有亜種が知られています。

では、チョウの仲間はどうでしょうか。

昆虫の仲間では、沖縄諸島からは285種の固有種が知られているのに対して、八重山諸島からは577種の固有種が知られています。八重山諸島は琉球列島の中でも昆虫の多様性が高い地域だといえます。しかし、チョウの仲間は長距離移動が可能なものも少なくありません。そのためチョウの仲間で八重山諸島の固有の種類はヤエヤマウラナミジャノメとマサキウラナミジャノメの2種類にしかすぎません。一方で、琉球列島の中でも一番南に位置している八重

マサキウラナミ
ジャノメ

ヤエヤマウラナミ
ジャノメ

山諸島では、定着はしておらず、一時的に姿が見られる迷チョウと呼ばれるチョウの種類は多数にのぼります（１９８６年時点での記録で54種）。

八重山諸島に分布するチョウの中で特異な種類といったら、アサヒナキマダラセセリでしょう。以前は八重山諸島の固有種とされていましたが、現在はヒマラヤ、インド、中国から朝鮮半島に分布するウスバキマダラセセリの亜種とされています。

このチョウは北方系の種類なのです。なぜ北方系のチョウが、南琉球に棲みついているのでしょうか。これは、八重山諸島が大陸と陸続きになった氷河期に分布を広げ棲みついた生き残り、つまり遺存種であると考えられています。地球的な気候変動によって、植物や貝の分布が変動してきた例はここまでに紹介してきました。昆虫の仲間も、気候変動によって分布域を変化させます。アサヒナキマダラセセリは寒冷期に南琉球までやってきました。その後、氷河期が終わり、温暖化が進むとどうなったでしょうか。海面が上昇して島々が切り離されたあと、アサヒナキマダラセセリは、島の中で一番涼しい、島の山頂部でのみ、かろうじて生き延びることができたのです。もし、石垣島に於茂登岳のような山がなかったら、アサヒナキマダラセセリは絶滅していたのかもしれません。このチョウの幼虫の食草はリュウキュウチクで、成虫は4月下旬から6月にかけて出現します。

6　海流に乗る虫――クロカタゾウムシ、ツダナナフシ

八重山諸島で見られる昆虫には、このように、陸続きだった時代に渡ってきたものもいます。また、翅をもち飛ぶことで、新たに渡ってくるものもいます。そしてなかには、海流に乗ってやってきた昆虫たちもいます。

昆虫は地球上で最も多様な種類に分かれ繁栄しているグループですが、海の中には生活圏を広げることができていません。例えば外洋で暮らすことのできる昆虫は、海洋の表面で暮らす外洋性ウミアメンボ類が、世界からわずかに5種類が知られているのにすぎません（そのうち3種類は日本近海にも見られ、海が荒れた後などは沖縄の島々の海岸でも打ちあがっている姿を見ることがあります）。ただし、昆虫たちも、なんとか海に進出しようとしているように思えます。汽水域に生育するマングローブ林に棲んでいる虫や、潮間帯で潮の引いた時だけ地表に姿を現す虫たちがいるからです。そして、なかには海流に乗って、島から島へ移動する虫もいるわけです。

先に、クワガタムシの中には、ルイスツノヒョウタンクワガタのように、黒潮の沿岸域に分布が見られることから、海流によって分布を広げたと考えられる種類があることに触れました。

八重山諸島には、こんなふうに海流を利用して分布を広げてきたと思われる特徴的な昆虫がいるので紹介しましょう。

その一つが、クロカタゾウムシです。カタゾウムシは名前の通り、体がきわめて硬いゾウムシです。例えば標本を作製しようとして昆虫針を刺そうとしても針が刺さらないほどの硬さです。この体の硬さには、カタゾウムシの体内に共生している細菌が関係していることが最近の研究でわかりました。体を硬くするのに必要なチロシンというアミノ酸を、共生細菌のナルドネラが合成しているのです。こうした体の硬さは、天敵に対する防御に役立っているのでしょう。クロカタゾウムシは、体表が硬いだけでなく、飛ぶための後翅（こうし）は退化し、上翅が癒着することで、より頑丈さを強化しています。また、カタゾウムシは飛べない代わりに発達した脚をもっています。

カタゾウムシは、派手な模様をもったものが多く、美しい姿の虫としても有名です。これは、体が硬く食べることが容易ではないことを捕食者にアピールする意味がありそうです。実際、この派手な模様の真似（まね）をして、カタゾウムシに擬態するカミキリムシが存在しています。

カタゾウムシ属の昆虫は八重山諸島からオーストラリアにかけて分布し、100種以上が知られていますが、最も種類が豊富に見られる地域はフィリピンです。台湾では、カタゾウムシ

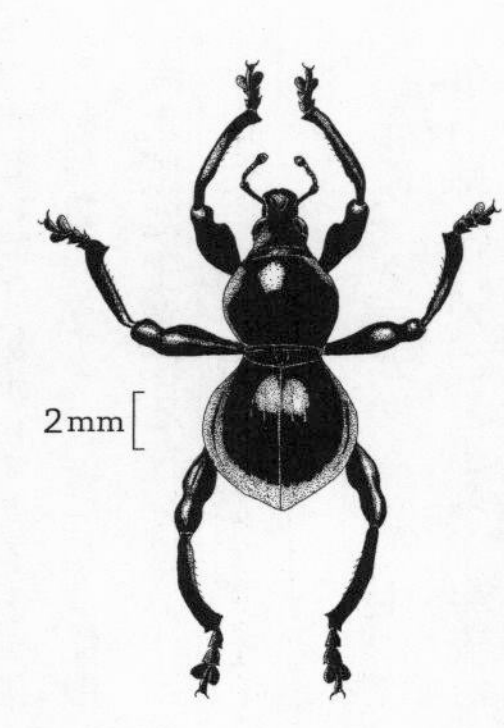

クロカタゾウムシ

の仲間は黒潮の洗う台湾本島沖合の蘭嶼（らんしょ）に見られます。おそらく、フィリピン方面から海流に乗って分布を広げたものでしょう。そして、さらに黒潮の下流にあたる八重山諸島にもカタゾウムシが分布しています。八重山諸島産のクロカタゾウムシは、全身が真っ黒で、派手な模様はありません。このクロカタゾウムシも、その祖先は、おそらくフィリピン周辺から、黒潮に流された材とともに渡ってきたものだと考えられます。

海流に乗ってやってきた虫のもう一つの例は、ナナフシの仲間です。ナナフシといえば、木の枝のように細長い虫が頭に思い描かれますが、あんなきゃしゃな虫が、どうやって海流に乗って島へ渡ってきたというのでしょう。

海流に乗って分布を広げたと考えられているナナフシは、西表島、石垣島、宮古島に分布している、体長10センチを超えるヤエヤマツダナナフシです。ヤエヤマツダナナフシは、細長い体つきのナナフシ類の中にあって、横幅もある体つきをしており、ナナフシとしては迫力のある見かけをしています。また、例えば人間がナナフシを捕まえようと手などを近づけると、肩先あたりから、ミント臭のある白い乳液を発射するという防衛行動も行います。

ツダナナフシは、セイロン（スリランカ）から記載された昆虫

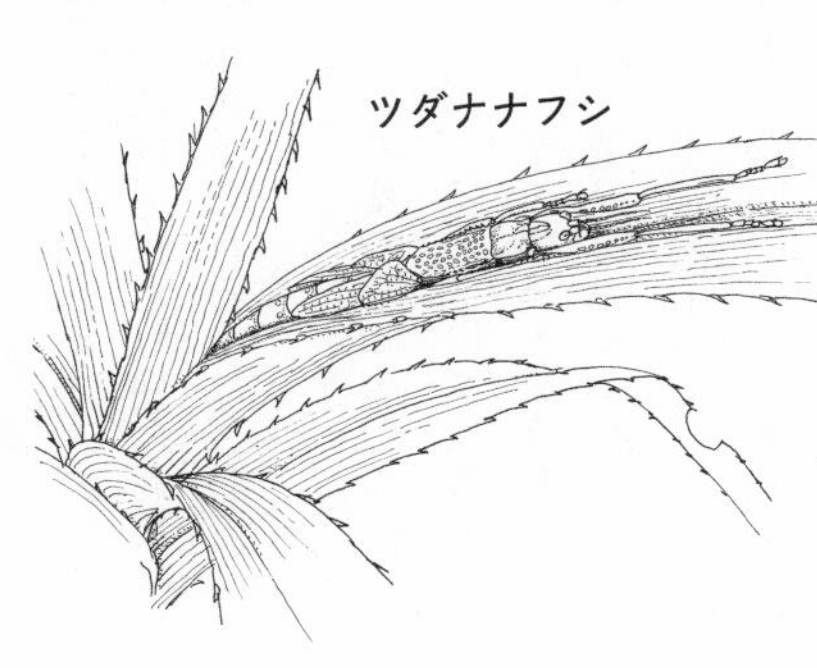

なのですが、その後、当時は日本領だった台湾でも見つかりました。さらに時代が下って、この虫が西表島で発見されたのは1989年になります。ツダナナフシには退化した翅の名残はありますが、飛ぶことはできません。それなのに、こうした広い分布が見られるのは、海流によって分布を広げられるからです。

ツダナナフシの食草は海岸林に多く見られるアダンで、日中はアダンの葉の間に潜んでいます。アダンの果実は海流に乗って島から島へ渡ることが可能なのですが、そのアダンを食草としているツダナナフシも、アダン同様、海流によって分布を広げることができるというわけです。海流に乗るのはツダナナフシの卵です。この昆虫の卵は、日本産の昆虫の中では最大級の大きさ(長径7ミリ)で、丈夫な殻をもち、さらに海水に浮かぶ特徴をもっています。

一般的に海が苦手な昆虫の中に、卵を海流に乗せることができるものがいるのは、昆虫の多様さの現れといえるのではないでしょうか。

7 リアル版、ジャックと豆の木——モダマ

海流を利用している昆虫を紹介したつづきで、植物の中にも海流を利用しているものがあることを紹介しましょう。

海洋島のハワイに見られる在来の植物の先祖は、鳥に食べられたり、鳥の体についたりして、

ハワイまで渡ったものが多いことはすでに紹介した通りです。そして、そうした散布方法に次いで多く見られたハワイへの到達手段が、海流に乗ってやってくるというものでした。

植物の中には、海流散布と呼ばれる方式で分布を広げるものが見られます。

沖縄の島でも、海岸を歩けば、砂浜に貝殻だけでなく、植物の実や種が流れついているのに気づくでしょう。その中でも、特に印象的な存在が、マメ科のモダマの仲間の漂着種子です。なにしろ、大きなものでは子どもの手のひらサイズほどもある、平たい大きな種子だからです。

南方系のつる植物のモダマの仲間は、日本では屋久島以南に分布しています。日本には、モダマの仲間として、屋久島と奄美大島にモダマ、沖縄島と八重山諸島にヒメモダマが分布しています。モダマの種子は硬く、また海に浮かぶため、棲息地とは遠く離れた海岸にまで流れつくことがあります。モダマ類の漂着種子は太平洋岸では千葉県や茨城県の海岸からも報告があります。このため、海岸に打ちあがったこのマメの種子を「藻の玉」と考えたことが和名の由来のようです。

西表島や石垣島の沢沿いの森に入ると、ヒメモダマの太いつるが林床をのたうち、林冠へと伸びあがっている姿を見ることができます。その様は、まるで「ジャックと豆の木」に登場する、天空まで伸びあがるマメの姿を思わせます。そして季節によりますが、林冠からは、1メートル以上にもなるヒメモダマの長いさやがぶらさがっているのを目にすることもあるでしょう。

種皮が硬いマメの仲間は、海流散布に適しているようです。そのため、マメの仲間にはモダマ類以外にも海流散布する種類がいろいろあります。つるがとげだらけのハスノミカズラの種子は非常に硬く、初めて拾い上げると種子とは思えないかもしれません（シロツブという近縁種もあります）。モダマの種をずっとこぶりにしたような種をつけるのは、カショウクズマメとワニグチモダマです。これらは植物体もモダマ類よりもこぶりで、本土で見るクズに近い姿をしています。海流散布をするマメの中には、シイノキカズラやクロヨナのように、種子ではなく、種子の入ったさやごと海を流れるものもあります。また、クロヨナはつる植物ではなく、木本(もくほん)植物です。ここで紹介したマメ科の植物はいずれも八重山諸島のマングローブ林付近や海岸近くに生育している植物です。

海流散布をするマメは生育地を遠く離れて流されることもあります。そのため八重山諸島には分布せず、さらに南方の地から、種子が流されてきて海岸に漂着しているものを見ることもあります。モダマの仲間でも、種子がヒメモダマよりずっと厚みのあるものは、東南アジア産のアツミモダマです。カショウクズマメの仲間のマルミノワニグチモダマや、日本には同じ仲間が生育していないジオクレア属のマメの種子も海岸に打ちあがることがあります。

マメ以外の植物の仲間にも、海流散布を行うものは数多くあります。代表は、なんといってもココヤシでしょう。ココヤシ以外でも、海岸に生える植物には海流散布を行うものが多く見られます。一見、ヤシの仲間の実のように見えるゴバンノアシも、東南アジアの海岸によく生育している木の実です。なお、海流散布を行う部位は、植物によって果実であったり種子であったり、そのほかであったりいろいろです。すべてをひっくるめて、散布体と呼ばれています。海岸でよく見つかる散布体には、そのほかに、モモタマナ、オキナワキョウチクトウ、テリハボクなどのものがあります。おもしろいことに、八重山諸島の海岸で、時に見慣れぬドングリが漂着していることがあります。これは台湾から漂着したドングリです。ドングリは鳥や動物などによって散布されるもので、海岸に打ちあがったものは発芽能力を失っています。つまり、海岸に打ちあがっているドングリは散布体としては働いていません。ただ、日本国内にいながらにして、海外のドングリを拾えることがあるわけです。

海岸にはマングローブと呼ばれる、潮間帯や河口の汽水域に生育できる、耐塩性をもつ植物たちの散布体もよく打ちあがっています。代表的なマングローブである、ヒルギ科の植物、メヒルギ、オヒルギ、ヤエヤマヒルギの散布体は、細長いキュウリのような格好をしています。

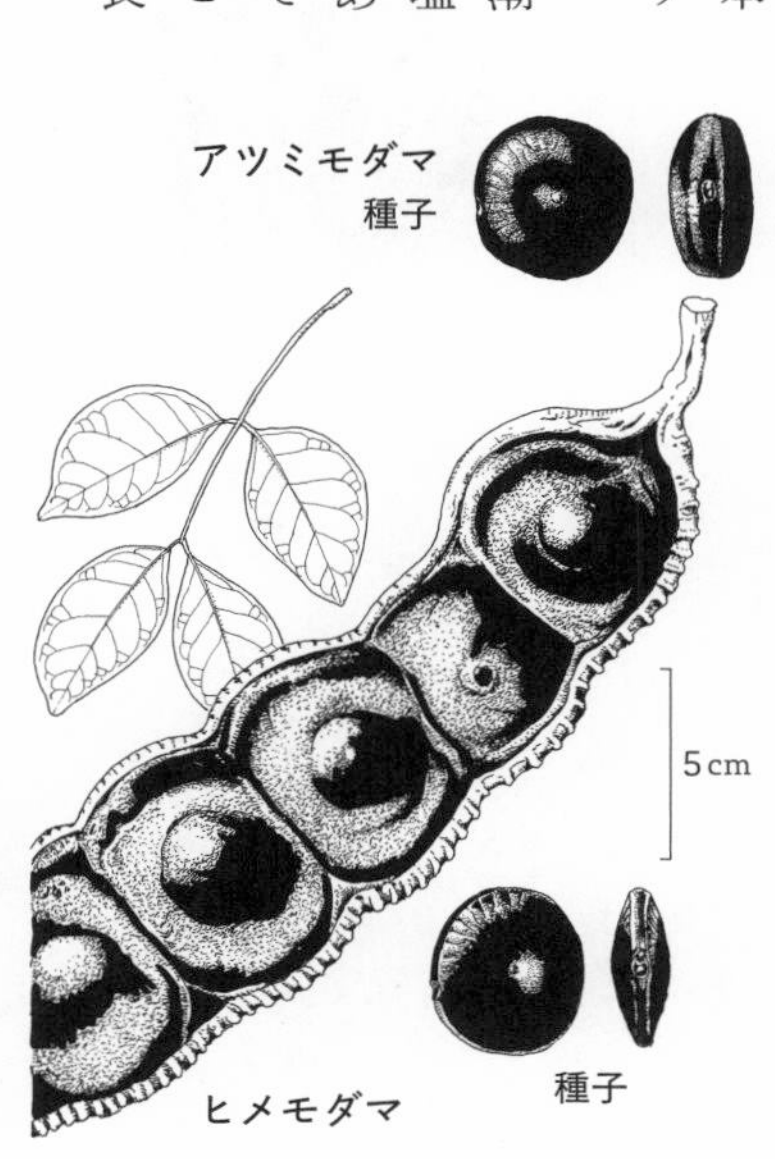

ヒルギの仲間は、花が咲き終わると果実の中で種子が発芽し、胚軸(はいじく)と呼ばれる部分が子房の外に顔を出します。これが成長したものが、キュウリ状に見える散布体です。ヒルギの仲間は親木についた状態で、種子が発芽するわけです。つまりヒルギは、散布体が赤ちゃん状態(胚軸の上部には芽、下部には幼根が分化している)になってから、親から切り離されて散布されるのです。ヒルギの仲間が胎生植物と呼ばれるゆえんであり、細長い散布体は胎生種子とも呼ばれています。

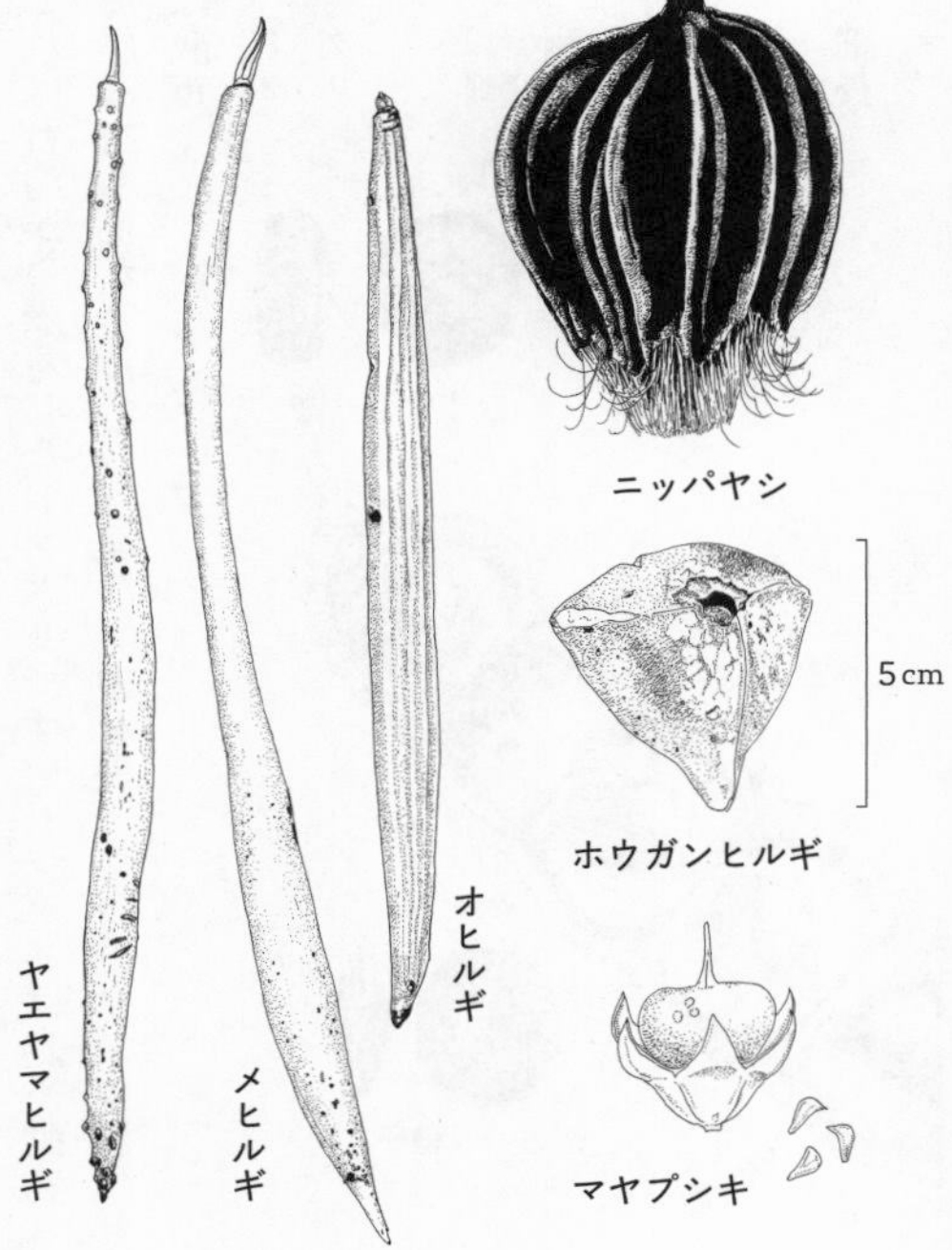

マングローブと呼ばれる植物には、さまざまなグループに属する植物が含まれています。それぞれ独自に汽水域で生活できるよう進化してきたものたちで、散布体もさまざまな形をして

マングローブの散布体

います。八重山諸島の海岸では、1メートル以上もあるような長さの、東南アジア産のヒルギの仲間であるオオバヒルギの散布体が見つかることもあります。また、不定形のコルク質の種子は、これも東南アジア産のホウガンヒルギの散布体です。ヤシ科の植物の中にもマングローブがあり、東南アジアのマングローブ林でよく見られるニッパヤシの黒く扁平(へんぺい)な形の実もよく漂着しています。ただし、西表島のマングローブ林では、ごくわずかですが、ニッパヤシが生育しています。

8　巨大シジミに兵隊ガニ――マングローブの生き物たち

マングローブの生育する林がマングローブ林です。沖縄島でも、那覇空港近くの漫湖(まんこ)沿いにマングローブ林が見られますし、沖縄島北部の慶佐次(げさし)の河口部に広がるマングローブ林には遊歩道が設置され、林内を散策できるようになっています。しかし、日本で最も立派なマングローブ林が見られるのは、なんといっても西表島です。西表島では小さな河川の河口部にもマングローブ林が見られますが、特に浦内川河口、船浦(ふなうら)湾、仲間川の河口部に、発達したマングローブ林が見られます。

世界には60種ほどのマングローブがあるとされています。そのうち日本で見られるのは、ヒルギ科のオヒルギ、メヒルギ、ヤエヤマヒルギと、キツネノマゴ科（旧クマツヅラ科）のヒルギダマシ、シクンシ科のヒルギモドキ、ミソハギ科（旧ハマザクロ科）のマヤプシキ、それにヤシ科のニッパヤシの7種です。この中で、最も北まで分布しているのがメヒルギで、メヒルギは鹿児島市の喜入まで分布しています。オヒルギの北限は奄美大島で、ヤエヤマヒルギとヒルギモドキの北限は沖縄島、ヒルギダマシは宮古島（ただし沖縄島に移入されたものが見られるようになっています）で、マヤプシキとニッパヤシは八重山諸島まで行かなければ見ることができません。

同じヒルギ科に含まれるメヒルギ、オヒルギ、ヤエヤマヒルギですが、河口域の泥干潟という特殊な環境に生育しているこれらの植物は、それぞれ特徴的な気根をもっています。そのため、間近まで近づけなくても、どの種類が生えているかを見て取ることができます。メヒルギは、根元が板根状になるのが特徴です。オヒルギの場合は、幹から少し離れた地表から、まるで折り曲げた膝のような形の気根が多数突き出ます（このため、膝根と呼ばれます）。ヤエヤマヒルギの場合は、幹の途中から多数のタコ足状の気根（支柱根）が伸びるのが特徴です。なお、ヒルギ科以外のマングローブについて見てみると、マヤプシキの気根は、地表に直立した根（直立根）が多数伸びあがり、ヒルギダマシはマヤプシキよりずっと細長い直立根を多数つける特徴があります。

マングローブ林は、干潮時は干出し、干潟となりますが、満潮時には木々の根際は水没するという、水陸の両面をもつ林です。干出した干潟には多数のカニが姿を現し、また満潮時には木々の気根の間を魚たちが泳ぎます。

潮が引いた、西表島のマングローブ干潟に足を運んでみましょう。タコ足状のヤエヤマヒルギの根際に、殻の長さが10センチほどの巻貝がいくつも転がっているのが見えると思います。キバウミニナです。この大きな巻貝は、マングローブの落ち葉を食べて暮らしています。キバウミニナは、1日に乾燥重量で3グラムのヤエヤマヒルギの葉を食べるという測定結果があります。葉を食べた貝は糞をしますが、この糞は、干潟に棲むほかの生き物たちの餌となります。

干潟を見渡すと、たくさんのカニたちの姿が見えます。なかでも壮観なのは、小さなカニが大群で歩きまわる姿です。まるで兵士が行進しているようだというので、英語ではソルジャークラブ（兵隊ガニ）と呼ばれているミナミコメツキガニです。もっとよく見ようと近づくと、たちまち体を回転させるようにして干潟の中に潜り込んでしまいます。潜り込んだところを掘ってみると、丸っこい体に細長い脚をしたカニが姿を現します。ミナミコメツキガニは、前方に歩くのが、一般の横歩きのカニと異なっています。ミナミコメツキガニの群れが歩き去ったあとの干潟の表面には、小さな泥の団子のようなものが多数敷き詰められていますが、これはカニが泥の表面に含まれている有機物を食べたあとの残りです。

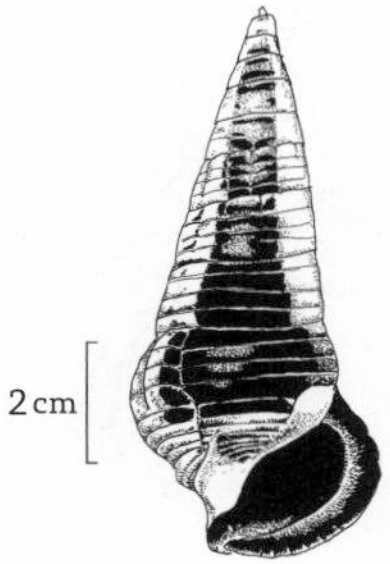

干潟の表面には、キバウミニナの糞をはじめ、さまざまな

2cm

キバウミニナ

有機物の小さな粒子が堆積しています。これはデトリタスと呼ばれるものです。デトリタスには、細菌などの顕微鏡サイズの小さな生き物たちも棲みついています。また、干潟の表面には、これも小さな単細胞の藻類が生活をしています。カニたちは、こうしたさまざまな有機物を泥ごとすくって口へと運んでいるのです。

西表島のマングローブ林では、マングローブ林内、泥干潟、砂干潟で、優占しているカニの種類が違っています。マングローブ林内で優占しているのはフタバカクガニ、泥干潟ではミナミコメツキガニ、そして砂干潟ではミナミヒメシオマネキが優占します。こうした違いは、干潟上の微細な藻類の繁茂の具合によるという研究結果がでています。日当たりのよい泥干潟、砂干潟では藻類が繁茂するため、藻類をよく利用するカニたちが見られます。また、ミナミコメツキガニは、デトリタスや小さな藻類を効率よく食べられる体のつくりをしていることから、泥干潟よりもデトリタスが少ない砂干潟でも資源を十分に利用できているようです。一方、日光が干潟の表面まで十分に届かず、藻類があまり利用できないマングローブ林内に棲むフタバカクガニは、マングローブの落ち葉を食べ物として利用しており、それが可能となるよう、ほかのカニに比べてセルロースの分解酵素の活性が高い

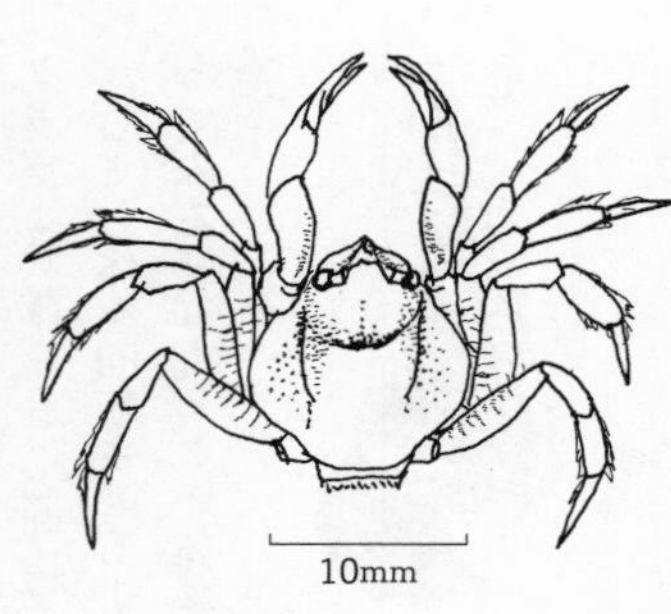

ミナミコメツキガニ

ことがわかっています。キバウミニナだけでなく、マングローブ林に棲む落ち葉を食べることのできるカニたちは、マングローブから始まる栄養のサイクルを回す、重要な役目をもっています。

マングローブ林内には、手のひらサイズのヒルギシジミの仲間も潜んでいます。初めてヒルギシジミの仲間を見ると、シジミというのに、大きくて驚くと思います。ヒルギシジミは濾過食者です。潮が満ちてくると、マングローブ林は水没し、干潟表面に堆積していたデトリタスが水中に漂うようになります。ヒルギシジミはそうしたものを、鰓で濾しとって食べています。ヒルギシジミが大型になったのは、硬い貝殻も大きなはさみで砕き、中身を食べることのできるノコギリガザミとの共進化の結果ではないかと考えられています。貝はカニから身を守るためにより殻を厚くし、カニはその殻を割るために、より強大なはさみをもつようになる、という競争の結果が、大きなヒルギシジミの殻と、重厚なノコギリガザミのはさみであるというわけです。実際、マングローブ林内を歩くと、小ぶりのヒルギシジミの殻が割られて散らばっているものを見かけます。

リュウキュウヒルギシジミ

ヤエヤマ
ヒルギシジミ

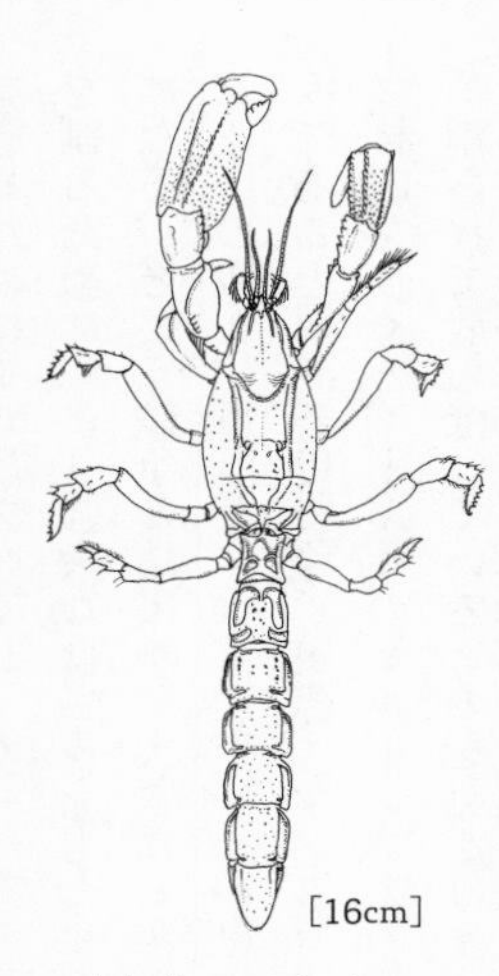
[16cm]

オキナワアナジャコ

また、マングローブ林のやや陸地近くには、塚のように盛り上がったオキナワアナジャコの巣があちこちに見られます。エビのような姿をしているオキナワアナジャコは、地下1メートルほどまで掘られた巣穴の中でやはりデトリタスを食べています。

潮が引いた干潟にも、ところどころ水路のような水の流れが残されています。その水路をのぞくと、小型のハゼの仲間がよく目に留まります。猛毒をもつツムギハゼです。また水路の周辺の干潟上に這い上がっているのはミナミトビハゼです。水路表面を目まぐるしく動くのは、海に進出した昆虫類のウミアメンボです。ただし、このマングローブ林で見られるウミアメンボの棲息域は沿岸域に限られています。

潮が満ちると、潮に乗ってさまざまな魚が林内に入り込んできます。また、そうした魚を餌とする鳥たちも集まってきます。イリオモテヤマネコもまた、マングローブ林をよく利用していることがわかっています。マングローブ林は、さまざまな生き物たちがネットワークのようにつながっている場所なのです。

9　アヤミハビルの島――与那国島の生き物たち

与那国島の面積は28・9平方キロと、西表島の約10分の1の面積しかありません。また、与那国島に行くには、石垣島から飛行機か船を乗り継ぐしかありません。ところが、与那国島でしか見られない独特の生き物たちが知られています。生き物好きの人なら、機会があれば訪れたいと思う島でしょう。

与那国島の生き物といえば、真っ先にヨナグニサンという世界最大クラスの大きさのガの名前が思い浮かぶのではないでしょうか。ヨナグニサンは、与那国島ではアヤミハビルと呼ばれています。アヤミは美しいという意味です。ハビルはガやチョウの仲間を表しています。日本の中でヨナグニサンが見られるのは与那国島のほかに、西表島・石垣島だけです。ただし、ヨナグニサン自体は、東南アジアに広く分布するガです。与那国島でヨナグニサンの幼虫が最もよく利用している食樹はキールンカンコノキで、そのほかのカンコノキの仲間やアカギも食樹となります。ヨナ

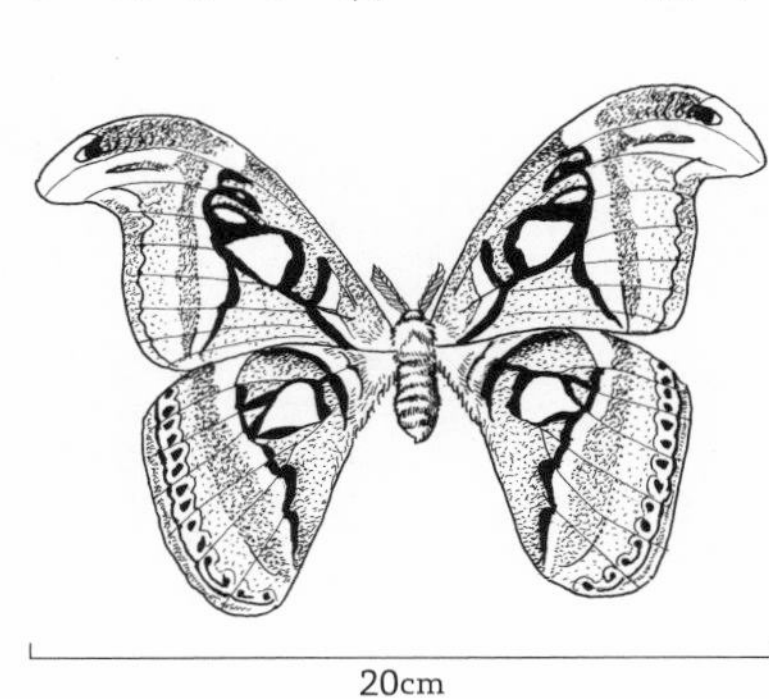

ヨナグニサン

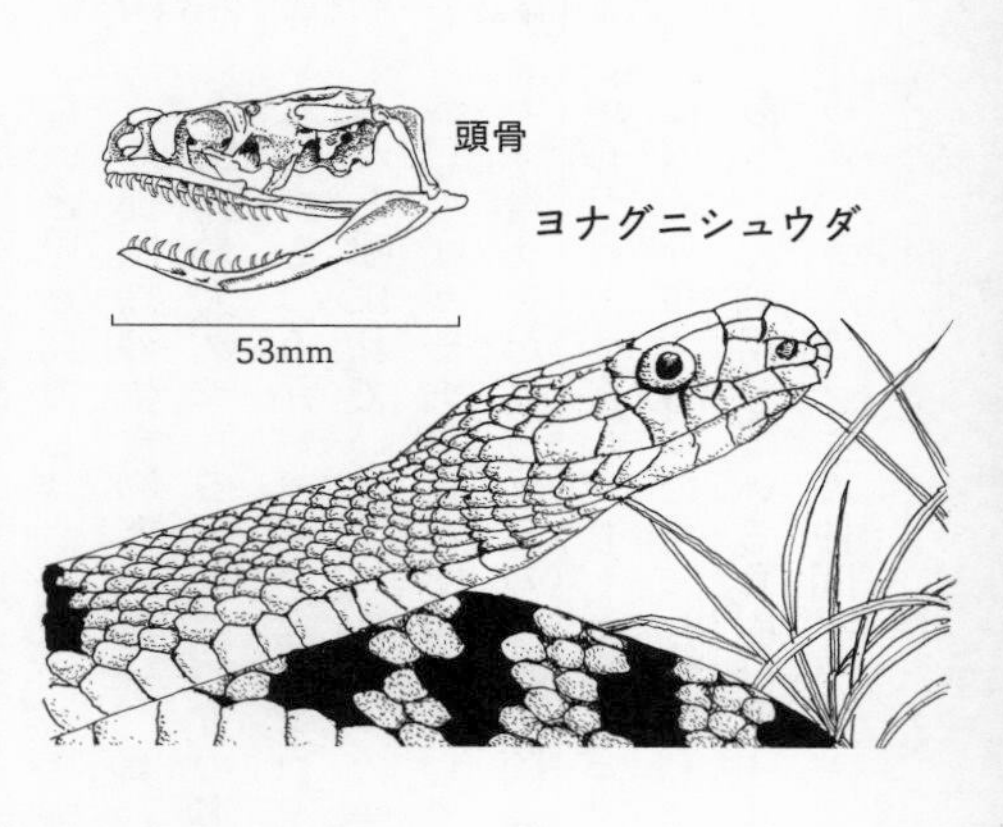

グニサンの成虫は、与那国島では3月から11月にかけて年に4回発生します。大きな体をしているものの、成虫の口は退化しており、何も食べることはできません。そのため、成虫の寿命も10日に満たないほどの間しかありません。

与那国島には、ほかにも名前に「ヨナグニ」とつく生き物たちがいます。ヘビの仲間で「ヨナグニ」という名をもっているのは、ヨナグニシュウダです。ヨナグニシュウダは台湾に分布しているシュウダの与那国島亜種です。八重山諸島の生き物たちは台湾や中国大陸と縁が深いものが多いと書きましたが、与那国島は台湾との距離が近く、関係性もより深いといえます。シュウダの仲間は西表島や石垣島には見られません。同じくほかの八重山諸島の島々では見ることのできない、ミヤラヒメヘビも与那国島には棲息しています。このヘビも、同種のヘビが台湾に見られ、ミヤラヒメヘビはそのヘビの亜種にあたります。

こんなふうに、与那国島の生き物は台湾と縁が深いのですが、その一方で、サキシママダラやキシノウエトカゲといった、ほかの八重山諸島や宮古諸島にも分布している爬虫類も見られます。つまり八重山諸島とのつながりもあるわけです。

琉球列島のキノボリトカゲは、かつては奄美諸島・沖縄諸島のオキナワキノボリトカゲと、宮古諸島・八重山諸島のサキシマキノボリトカゲの二つの亜種に分類されていました。ところがその後、台湾北部に同一種の別亜種、キグチキノボリトカゲが棲息していることがわかったとともに、サキシマキノボリトカゲに含まれていた与那国島産のキノボリトカゲは、与那国島固有亜種のヨナグニキノボリトカゲとして、記載命名されることになりました。

与那国島のような小さな島に、ほかの島には見られない固有種がいるのは、この島が八重山諸島に含まれながらも、与那国島とほかの島々をへだてる海がやや深く、氷期に海面が低下しても容易には陸続きにならなかったからだと考えられています。

サキシマキノボリトカゲ

［9mm］
ヨナグニ
アカアシカタゾウムシ

このことを裏付けるように、2022年、新たに与那国島にのみ見られる生き物がいることが「発見」されました。「発見」と書いたのは、それまでも、その生き物の存在は知られていたからです。これまで、与那国島にいるスベトカゲの仲間は、八重山諸島や宮古諸島に見られるサキシマスベトカゲと同じ種類だと思われていました。ところが研究の結果、与那国島のスベトカゲは、ほかの島々に見られるものとは種類が違うことがわかったのです。こうして与那国島産のスベトカゲには、新たにヨナグニスベトカゲという名前がつけられました。

与那国島の生き物も、まだまだわかっていないことが潜んでいそうです。

与那国島には、ヨナグニアカアシカタゾウムシ、ヨナグニマルバネクワガタ（ヤエヤママルバネクワガタの亜種）、ヨナグニマイマイなど、与那国という名のついた固有種や固有亜種がほかにも見られます。

10　モグラのいる島——尖閣諸島

尖閣諸島は大正島、久場島、南小島、北小島、魚釣島と、いくつかの岩礁からなっています。このうち最も大きな島が魚釣島で、その面積は3・82平方キロです。尖閣諸島は無人島ですが、戦前、石垣島の古賀商店がこの島の開拓に乗り出し、人々が入植していた歴史があります。

尖閣諸島の生き物は、琉球諸島（南西諸島）のほかの島々に比べて大きな違いが見られます。その一番の特徴は、ほかの島々にはいない動物がいることです。

それがモグラです。

中琉球や南琉球の島々にはモグラがいません。同じ無盲腸類（食虫類）のジネズミの仲間やジャコウネズミはいるものの、地中にトンネルを掘って暮らすモグラを見ることはありません。沖縄島の固有種、ノグチゲラが「ヂッツキ」であったのも、モグラがいないことが関係しているという話は第2章で書いた通りです。ところが尖閣諸島には固有種である、センカクモグラが棲息しています。尖閣諸島は中国との間で領有問題があることから、島に上陸し、生き物の調査を行うことは難しい情勢です。センカクモグラは1979年に採集された1頭の標本があるだけで、どのような暮らしをしているモグラなのかなど、生態についての情報は未知です。

沖縄の島々の中でも、面積の順番でいえば25番目の大きさしかない魚釣島にだけモグラが棲んでいるというのは、不思議な感じがします。

この謎は、海底地形図を見ると、解答が見えてきます。中国大陸沖には、大陸棚という浅い海が広がっています。大陸棚は、海面低下の起きた氷期には陸地となっていたところです。この大陸棚と琉球列島との間には、第1章で紹介したように、沖縄トラフという深い海が横たわっています。ところが尖閣諸島は大陸棚の縁に位置しています。つまり、海水面が低下し、中国大陸が拡大したとき、尖閣諸島は中国大陸の一部となっただろうと予測できるわけです。こうしたことから、尖閣諸島の生き物たちは、中国大陸との関わりが深いものが見られるのではないかという予測もつきます。尖閣諸島にはセンカクモグラのほかに、セスジネズミがいることも報告されています。このネズミも日本では魚釣島だけから記録されている種類ですが、世界的に見ると、セスジネズミはヨーロッパから中国大陸まで広く分布が見られる種類なのです。また、尖閣諸島からは4種類の爬虫類が知られていますが、このうち3種はやはり台湾や中国大陸との共通種です（そのうちの一つがシュウダです）。なお、尖閣諸島からはセンカクサワガニという固有のサワガニも記録されています。

尖閣諸島の生物相で忘れてはならない存在がアホウドリです。

かつて、尖閣諸島をはじめとした各地の無人島は、無数の海鳥の繁殖地になっていました。19世紀末には、アホウドリの繁殖地は19ヵ所ほどもあったと推定されています。ところが、やがて、こうした無人島に人々が渡り、羽毛を採取したり、捕まえて剝製にしたりするという商売が横行するようになります。結果、無人島からは次々にアホウドリは姿を消していきました。1949年の調査では、アホウドリの最大の繁殖地であった伊豆諸島鳥島（とりしま）周辺でも、アホウドリが確認されず、アホウドリは絶滅したと考えられました。ところが鳥島では1951年にアホウドリが再発見され、以後、保護下で順調にその数を増やしていくことになります。

尖閣諸島でも約100万羽のアホウドリが狩猟されたのではないかと推定されています。そして、一時期、尖閣諸島のアホウドリも絶滅したと考えられました。ところが1971年になって、鳥島に続いて、尖閣諸島でもアホウドリが再発見されます。そして、この尖閣諸島のアホウドリの再発見が、さらなる発見につながっていくことになりました。

約1000年前の北海道の遺跡から、大量のアホウドリの骨が見つかっています。この骨に含まれるDNAを調べたところ、アホウドリとして認識された骨の中に、遺伝的な違いが見られる二つの集団があることがわかりました。さらに調べていくと、この二つの集団の遺伝的な違いは、現在の鳥島で繁殖しているアホウドリの集団と、尖閣諸島で繁殖しているアホウドリの集団の違いに対応していることがわかったのです。つまり1000年前から、アホウドリには遺伝的な違いが見られる集団があり、しかも

それらは異なった繁殖地をもつ集団の違いに対応しているわけです。さらに、遺伝的な違いが見られるものたちが、同一の繁殖地で顔を合わせた場合、それぞれが同じ繁殖地の集団内の個体と交配する傾向が強いことも確かめられました。また、両者を比べてみると、形態にも違いが見出されたのです。こうしたことから、アホウドリは、実は一種類ではなく、鳥島を繁殖地にしている集団と、尖閣諸島を繁殖地にしている集団とが、それぞれ別の種類に相当するのではないかと考えられるようになりました。

こうして、センカクという名をもつ生き物が、新たに生まれました。尖閣諸島のアホウドリには、センカクアホウドリという和名が提唱されています。

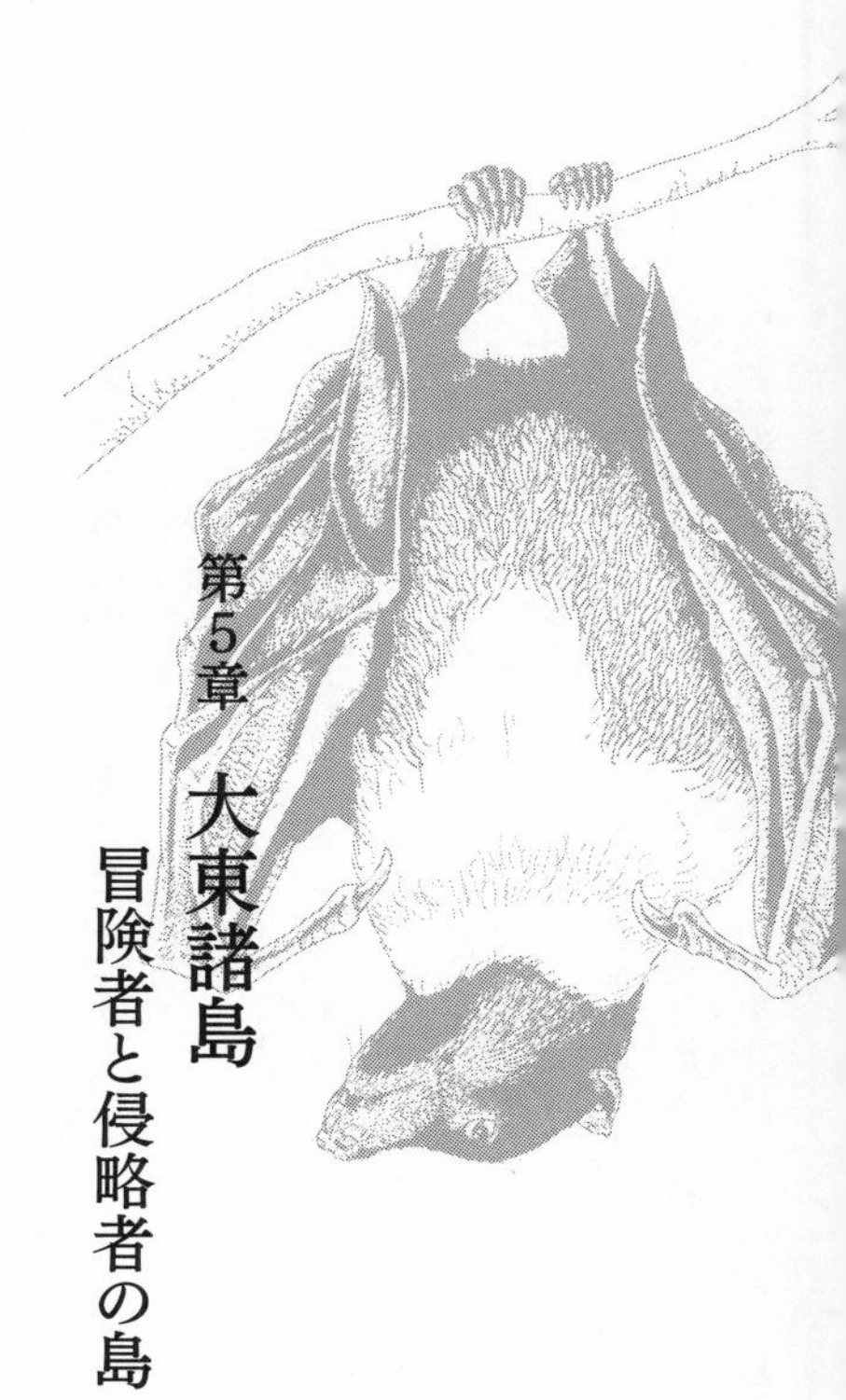

第5章　大東諸島

冒険者と侵略者の島

1　大東諸島の成り立ちとヒルギの謎

南大東島には、那覇から日に2便、飛行機がでています。朝9時半すぎの飛行機に乗ると、那覇の東方約370キロ離れたところにある南大東島には、1時間ほどで到着です。南大東島空港で出迎えてくれるのは、「おじゃりやれ」という「いらっしゃい」を意味する歓迎の言葉です。「いらっしゃい」を表す言葉は、那覇空港や石垣空港にも掲げられています。それぞれ「めんそーれ」と「おーりとーり」で、こうした歓迎の言葉から、琉球列島の島々に暮らす人々は、それぞれ固有の言葉を話してきたことがよくわかります。ただし、南大東島の言葉は、ほかの島々に暮らす人々の言葉と比べて特異です。それはこの島の歴史によっています。沖縄島のはるか東方海上に浮かぶ大東諸島は、南大東島に1900年に人々が入植するまで、長い間無人島だった南大東島に入植したのは、八丈島の出身者でした。空港に掲げられている「おじゃりやれ」という言葉も、八丈島の方言なのです。
なぜ八丈島の出身者が、沖縄県にある南大東島の入植を行ったのでしょう？
江戸時代、流人の島として知られた八丈島ですが、江戸時代末から明治にかけて、八丈島の島民は、伊豆諸島のさらに南に位置する、当時は無人島だった小笠原諸島の開拓に従事することになりました。その中の一人に、玉置半右衛門という人物がいます。玉置は小笠原航路の途上、これも無人島だった鳥島を遠望し、アホウドリの羽毛採取を目的とした鳥島開拓を思いつきます。やがて玉置の試みは成功をおさめ、巨万の富を得ることになりました（これが鳥島のアホウドリが、一時絶滅したと思われるほど減少した原因となったわけです）。しかし、制限なしに行われたアホウドリの捕獲は資源の枯渇を招くことになります。玉置は次に開拓すべき島を目指すようになりました。その彼の目に留まったのが大東諸島だったのです。

大東諸島が長い間無人島だったのは、何より琉球列島の島々から遠く離れた位置にあったからです。また、大東諸島の島々は、断崖絶壁に囲まれた島で、船が接岸し上陸するのが難しかったことも、長らく無人島であり続けた要因となっていました。

こうしたことは、大東諸島の成り立ちと大きく関わっています。そして大東諸島は、その成り立ちも、これまで紹介してきた琉球列島の島々とは異なっています。その成り立ちの特異さを物語る例が、南大東島の池の端に見られるマングローブ林です。

マングローブ林といえば、第4章で見たように、河口の汽水域に発達する林です。ところが南大東島では、島の内陸部にある、淡水池のほとりに、マングローブ林があるのです。なぜ、こんなところにマングローブ林があるのでしょうか？

南大東島は、東西5・8キロ、南北6・5キロ、面積30・7平方キロのひしゃげた楕円形の島で、全島が石灰岩からできています。島の周囲は石灰岩の崖が囲んでいます。また、崖の海面と同じ高さのあたりには、ダンバタと呼ばれる平坦面が見られます。島はほぼ平坦なのですが、島の周囲はやや高く、中央部は凹んでいるという地形となっています。この島の周囲をぐるりとめぐる高台をハグ（幕）と呼びます。現在、島の中央の平坦部は一面のサトウキビ畑となっていますが、ハグ周辺には林が残されています。無人島時代は、平坦部も一面、ヤシ科のビロウを主とした森林に覆われていたことが、入植者の記録に残されています。そして、この平坦部には、大小の池が散在しているのですが、そのうち大池周辺に、オヒルギの林が見られます。

オヒルギの胎生種子は海流散布によって広がっていきます。それなのに、南大東島では内陸の池のほとりにオヒルギの林があるわけです。これはとても珍しいので、大池のオヒルギ林は国の天然記念物となっています。

南大東島のオヒルギ林の謎を探るために、海底地形図を見てみることにしましょう。海底地形図を見ると、琉球列島の島々とは琉球海溝を挟んだ位置に大東諸島が位置していることがわ

南大東島のオヒルギ林

かります。琉球列島の島々は、ユーラシアプレートの端に位置しています。そのユーラシアプレートに、フィリピン海プレートが潜り込む場所が南西諸島海溝です。すなわち、大東諸島は琉球列島の島々とは異なったプレートの上に乗っているのです。

大東諸島が生まれたのは、赤道の南、ニューギニア近海だったと考えられています。そこからフィリピン海プレートの動きにあわせて、徐々に琉球列島に近づき、今の位置にあるというわけです。大東諸島は今もフィリピン海プレートの動きにあわせて移動していて、そのスピードは年間に約10センチです。

今から約4800万年前、海底火山として大東諸島は生まれました。海底火山が海面に姿を現すと、島の周囲にはサンゴ礁が作られます。第1章のサンゴ礁についての紹介を思い返してもらえればと思います。海底火山はプレートの動きなどにより、マグマの供給が止まると徐々に沈降を始めます。すると、島の周囲のサンゴ礁は、島が水没するのに同調して海面へと伸びあがり、結果、環礁と呼ばれるドーナツ型のサンゴ礁地形を形づくっていきます。このとき、ドーナツの内側にあたる、サンゴ礁に取り囲まれた浅い海が礁湖です。海底火山起源の島として生まれた大東諸島も、やがて環礁へと姿を変え、その後もプレートの動きにあわせて移動していきました。その間も、島の沈降は徐々に進み、それにあわせてサンゴ礁の形成も続いていきました。

1934年に、北大東島で地質調査のためにボーリングが実施されたことがあります。このとき、約４３０メートルまで掘り進んだものの、すべて石灰岩で、基盤である火山岩には到達しませんでした。つまり、少なくとも、もともとの海底火山は海面下数百メートルまで沈降していて、その上にサンゴ礁起源の石灰岩が４００メートル以上、積みあがっているということです。ケーキになぞらえると、スポンジ（火山起源の岩）の上にクリーム（石灰岩）がものすごい厚さでのっかっている状態です。

ちなみにマーシャル諸島のエニウェトク環礁で、原水爆実験のための調査として行われたボーリングでは、１２５０メートル掘り進んだ結果、ようやく火山岩を掘り当てることに成功しています。つまり、島が沈降するのにあわせてサンゴが成長していった厚みが１０００メートルを超えていたわけです。大東諸島の場合も、実際は、４５０メートルをはるかに超えて、分厚い石灰岩が火山岩の上に堆積して島を作り上げているに違いありません。

やがて南大東島をはじめとする大東諸島は隆起を始めます。そのため、島の周囲は断崖状となりました。また、リング状に発達していたサンゴ礁は島の周囲をめぐる高台へと変化し、礁湖は島の中央部の平坦地と、その中に残る池に姿を変えることになります。

南大東島の池の端に見られるオヒルギは、こうした島の成り立ちと関わっていると考えられています。例えば、オヒルギは、島が環礁だった時代に、サンゴ礁の切れ目から礁湖に流れついた胎生種子が起源だったのかもしれません。礁湖時代から生育していたオヒルギは、島が隆起して、礁湖が池と変化した後、池のほとりに見られるようになったというわけです。ただし、これはあくまで仮説です。実際にどのようなことが起こったのかは、まだきちんとはわかっていません。池の底に堆積している泥の中に含まれる花粉の分析からは、少なくとも８０００年前からオヒルギの存在が確かめられています。また４５００年ほど前には、オヒルギが林を作っていたこともわかっています。

２　ハワイと大東諸島の共通種――アツバクコ

南大東島には砂浜がありません。島の周囲は石灰岩の崖になっているからです。これでは、島の人たちは水泳もできません。ところが、南大東島にも水泳スポットがあります。それが海軍棒(かいぐんぼう)です。

海軍棒の駐車場に車を停めます。駐車場から、石灰岩の崖を切りとおした坂道を下っていくと、岩場に真四角に掘られたプールが見えます。島の周囲の断崖の周縁部には、ダンバタと呼ばれる、波の洗う平坦部があり、その平坦な岩場を人工的に掘って、海水浴ができるようにしたプールが、この海軍棒と塩屋(しおや)海岸にあります。プールの端には、絶えず白い波が押し寄せています。視線を左右に向けると、海岸端が崖続きなのがよくわかります。

海軍棒という地名は、１８９２年、軍艦の海門(かいもん)が、当時まだ無人島だった南大東島を探検・測量した際に、この場所に棒を基点として建てたことによっています。海岸部の石灰岩は、浸食のため、鋭くとがっていて、歩くのは困難です。この海軍棒海岸一帯の石灰岩上に生える植物群落は、天然記念物に指定されています。

海軍棒で見られる海浜性の植物には、トウダイグサ科のボロジノニシキソウのように、日本では大東諸島でしか見られない植物もあります。

ボロジノニシキソウはミクロネシアからオーストラリアに広く見られる植物です。ですから、ひょっとすると、プレートの動きに乗って南大東島が現在の位置に移動する前、今よりもっと南に位置していたときに、種子がたどりついたのかもしれません。南大東島がまだ無人島だった時代の１８２０年に、島にロシア艦隊が訪れ、ボロジノ諸島と名付けています。ボロジノニシキソウのボロジノは、これからとられたものです。

海軍棒で見られる海岸植物の中には、アツバクコのように、ハワイとの共通種もあります。アツバクコは赤い、人間も食べられる実をつけます。おそらく鳥がこれらの島々に運んだのでしょう。アツバクコは大東諸島、ハワイのほかに小笠原にも分布しています。ハワイと小笠原、大東諸島を地図で見

てみると、互いにかなり離れた位置にあります。こんなに離れた場所に同じ種類の植物が見られるのは不思議な気がしてきます。

南大東島の平坦地はほぼ耕作地に姿を変えてしまっていますが、ハグと呼ばれる高台には、ビロウやアコウ、シマグワ、ヤブニッケイ、トベラ、リュウキュウガキなどの樹木からなる林が残されています。先に少し触れたように、人々の入植前は、島の平坦地はビロウを主体とした林がありました。

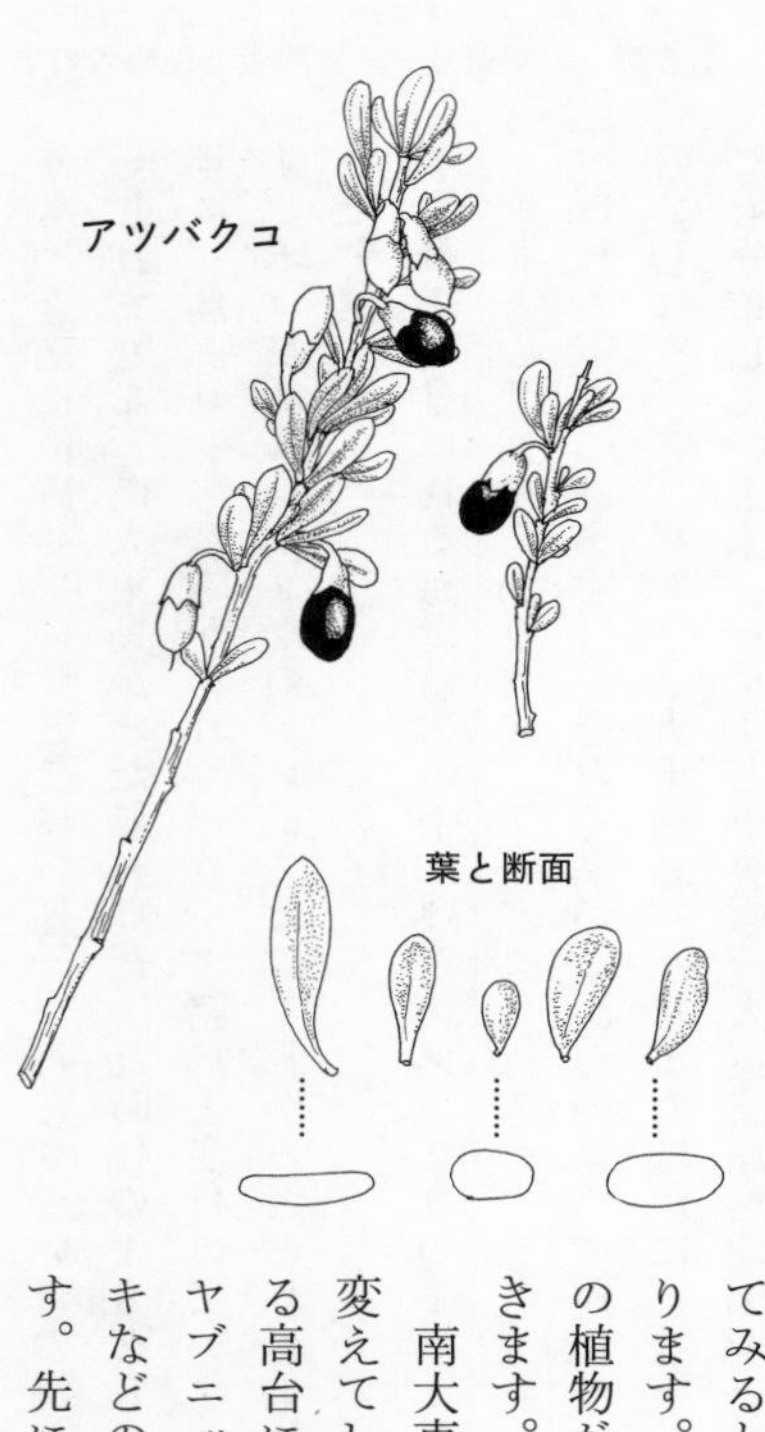

海洋プレート上の海底火山を起源とする大東諸島は、琉球列島の島々と異なり海洋島です。そのため、この島に見られる動植物は、なんらかの形で海を越えてきたものばかりです。いわば、冒険者とその子孫たちが住みついた島といえるでしょう。ビロウの場合は、大きな種子が海流に流されて島までたどりついたのでしょう。

大東諸島の種子植物205種を調べた結果、鳥によって散布されたと考えられるもの（鳥が食べた、鳥の体に付着した）は115種（56％）、海流に乗って流されてきたと考えられるものが55種（26％）、風に乗って飛ばされてきたと考えられるものが36種（18％）でした。鳥によって運ばれたものが多いというのは、ハワイと同じ結果です。

南大東島の開拓記録を読むと、無人島だった島に上陸した開拓民たちが、野生のミカンを見つけて大変喜んだという話がでてきます。これも、おそらく鳥が種を運んだものでしょう。南大東島のミカンは、沖縄島でよく見られるシークワシャーではなく、伊豆半島や宮崎などの海岸部にも分布するタチバナです。タチバナは、ひな祭りの時のひな壇のかざりにも使われる日本在来のミカンですが、野生の姿を見る機会はそうありません。南大東島には自生しているタチバナにちなんだミカン坂という地名があり、そのミカン坂には、今もタチバナが生えているのを見ることができます。

一方、大東諸島は海洋島であるため、ブナ科の樹木は分布していません（大東神社境内に植栽されたシイはあります）。また、海洋島である大東諸島には、人によって持ち込まれた帰化植物の割合も多くなっています（植物の総種数に対する帰化植物の割合は、24・5％にのぼります）。

大東諸島は、海洋島といっても、ハワイほど隔絶した場所にあるわけではありません。そのため、植物相は、ハワイのように高い固有率が見られるわけではありません。それでも、オオソナレムグラ、ダイトウシロダモ、ダイトウセイシボクといった、大東諸島固有の変種の存在が知られています。

3 固有の虫とバッタの島

海洋島に渡ることのできる昆虫は限られています。例えば大東諸島にはホタルが分布していません。ただし、ハワイにはセミはまったく見られないのですが、大東諸島には、セミは一種だけですが、ダイトウヒメハルゼミという固有亜種が見られます。ダイトウヒメハルゼミは農地開発や農薬の使用により、一時絶滅したと考えられた時期があったのですが、1982年に再発見がなされています。現在、ダイトウヒメハルゼミが見られるのは、アダンやモクマオウ、ビロウなどの生育する海岸林に限られ、個体数も多くはありません。おそらく、かつては島の平坦地に広がっていたビロウ林にも棲んでいたものの、農地が拓(ひら)かれるにつれ、海岸林でのみ生き延びているのでしょう。

和名に「ダイトウ」とついた昆虫の中に、ダイトウナギサスズという夜行性のコオロギの仲間がいます。ダイトウナギサスズには翅がありません。では、どうやってこの島までやってきたのでしょうか。ダイトウナギサスズの棲息地は海岸付近の岩場です。この虫は海辺に棲むコオロギなのです。翅のないダイトウナギサスズは海を流れてこの島々まで渡ってきたのでしょう。ダイトウナギサスズは雑食性です。夜、港周辺などを見て回ると、カニの死体などに集まっている姿を見ることができます。

最近、南大東島産のハラビロカマキリは、大東諸島固有の亜種だという報告がなされました。ハラビロカマキリの場合は、卵鞘が島まで流されてきたのではないでしょうか。島にはヒラタクワガタの固有亜種であるダイトウヒラタクワガタや、ダイトウマメクワガタという固有種のクワガタも棲息しています。これらの幼虫は材の中で暮らすので、おそらく流木とともに分布を広げたものでしょう。

南大東島からは、ヒサマツサイカブトと名付けられた固有のカブトムシも知られています。南大東島では、近年、移入種のタイワンカブトの数が増えているのに対して、ヒサマツサイカブトの姿が見られなくなり心配されています。また、ヒサマツサイカブトは一見、移入種のタイワンカブトに似た姿をしています。ヒサマツサイカブトの場合、いつ頃、どのようにして島に渡ってきて、固有化したのかなどについては、謎が残されています。

サトウキビ畑の広がっている大東諸島では、バッタ類の姿もよく見かけます。特によく見るのが、大型で赤い色をした後翅が特徴のタイワンツチイナゴです。沖縄島にもまた、トノサマバッタの姿も見かけます。トノサマバッタは棲息していますが、見かけることはあまりなく、恒常的に棲息しているかどうか疑問です。

ダイトウナギサスズ

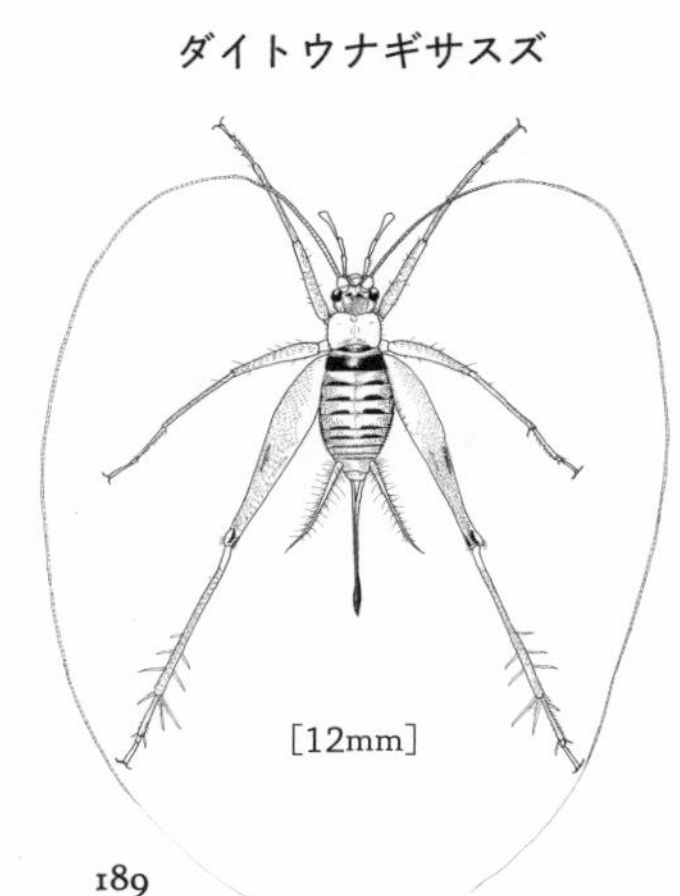

ところが大東諸島の場合は、トノサマバッタが群生相になった記録もあります。

トノサマバッタは、相変異というのを起こします。普段、目にするトノサマバッタは、孤独相と呼ばれるものです。ところが、トノサマバッタが孵化した時から集団で暮らすと、姿も習性も孤独相と異なるものに変化します。それが群生相です。かつては、見た目が異なるので、孤独相と群生相は別の種類と思われていたぐらいです。その後、1921年になって、ロシア人の昆虫学者が、孤独相のバッタの幼虫を小さいときから集団で飼育すると群生相に変身することをつきとめ発表します。群生相は、幼虫の時から集合性があって、色も黒っぽくなり、孤独相よりも翅が長くなるという違いが見られます。

トノサマバッタが群生相になると、時に空を覆うほどの大集団となって飛び回り、行き着く先の農作物を全滅させてしまうこともあります。中国では昔から飛蝗と呼ばれ、恐れられていました。また、ヨーロッパでも聖書の書かれた時代から、こうしたバッタの被害が知られています。こうした飛蝗となるバッタは、トノサマバッタ以外にも、アフリカのサバクトビバッタなど、世界から20種ほども知られています。サバクトビバッタでは、一つの群れで1000億匹以上もいると推定された例もあります。

日本でも飛蝗は発生しています。近年の記録では、種子島北西の馬毛島で1986年に発生しています。南大東島では1927年と、1971年から74年にかけて、飛蝗の発生があったことが報告されています。

この島は、固有の虫たちが見られる海洋島の側面と、人間の開発によって一面のサトウキビ畑へと変化した末にできあがったバッタの島という側面が同居しているわけです。

4 絶滅した鳥と移住してきた鳥——ダイトウヤマガラとモズ

海洋島である大東諸島には、固有の鳥たちも見られます。大東諸島の鳥のうち、固有亜種とされているものは、ダイトウノスリ、ダイトウコノハズク、ダイトウヒヨドリ、ダイトウミソサザイ、ダイトウハシナガウグイス、ダイトウヤマガラ、ダイトウメジロ、ダイトウカイツブリと8種もの名をあげることができます。ただし、島が開拓され、森が畑へと変化する中で、ダイトウノスリ、ダイトウミソサザイ、ダイトウハシナガウグイス、ダイトウヤマガラは絶滅してしまいました(このうち、ダイトウミソサザイについては、固有の亜種だったかどうかについて異論もあります)。

ところで、大東諸島で絶滅した鳥はほかにもいます。それがハシブトガラスです。

大東諸島への入植当時を紹介する記録の中に、無人島だった南大東島に初めて足を踏み入れた、八丈島出身の小島徹三(こじまてつぞう)の日誌があります。その明治33(1900)年1月23日の日誌には、次のような文章が見られます。

「島内に棲息する獣類、鳥類は人間を珍しきものの如(ごと)く、鴉(からす)は頭上に来りてカァーカァーと鳴き、山羊は親しく人間に附廻り実に別天地の感をなせり」

こんなふうに、入植当時、カラスは普通に見られたことがわかります（ヤギは島に遭難者がたどりついた時のために、無人島時代に放されたものです）。

その後のカラスの状況を紹介しているのが、大正時代に島を訪れた、鳥獣採集者の折井彪二郎の日誌です。

彼は、1922年に南北大東島を訪れ、鳥を採集しています。日誌の中には、南北大東島で見られる鳥に違いはないけれど、唯一、カラスだけは南大東島では見られなかったと書いています。ただし、数年前までは多く見られ、農作物などに被害が見られたので、見当たり次第に鉄砲で撃たれた……と補足されています。そして、最後の生き残りが、北大東島に生きていたのです。

折居彪二郎の10月26日の日誌を次に引いてみます。

「リュウキュウハシブトガラスと思われるただ1羽の、この北島に残存の物を見、すぐに1射したが距離が遠くて遂に長蛇を逸した。遺憾極れり。……しかもこの1羽は大東島の鳥の最後のただ1羽というべく、既に私に打掛けられた以上は必ずや負傷したであろう。数日を出ずして絶滅するのは明らかである」

彼の予言通りに、その後、カラスは大東諸島から姿を消しました。

ハワイでも多くの種類の鳥たちが絶滅しています。海洋島には固有の鳥が多く見られる一方、人間の入植や、その後の開発、移入動物の影響などで、多くの鳥が滅んでしまっています。大東諸島も、そうした海洋島の例に漏れません。

ところで、島が開拓されるにつれて新たに移り棲んできた鳥もいました。それがモズです。もともとモズは島に棲んでいなかったのですが、１９７０年代から定着し、繁殖するようになりました。沖縄島をはじめとした琉球列島の多くの島々ではモズは繁殖していません。モズといえば、「はやにえ」を作ることでも有名ですが、沖縄島でははやにえを見ることがないわけです。ところが大東諸島にはモズが定着しているため、ヤモリやバッタなどがはやにえにされている様を見ることができます。

モズは自力で海を越えて島にたどりついたわけです。ただし、島にたどりついてもそこで定着できるかどうかはまた別の問題です。海洋島に渡ることができた生き物の中には、定着できずに絶滅してしまったものも少なくないでしょう。

モズが定着できたのは、ダイトウヤマガラなどの固有の鳥が絶滅した原因と裏表の関係にあるものでした。

モズは営巣環境に、農耕地や公園などを好み、サトウキビ畑が広がるようになった開拓後の大東諸島はモズの好みによくあっていたのです。また、モズは昆虫や両生・爬虫類、鳥類など幅広い餌を利用しますが、南大東島では雛に与える餌の大半がタイワンツチイナゴやトノサマバッタなどのバッタ類だということがわかっています。そして、大東諸島にモズが定着した１

970年代は、先に少し触れたように大東諸島でトノサマバッタが大発生した時期と重なっています。すなわち、たまたま餌が豊富に得られる時期に渡ってきて、それがモズの定着を容易にしたと考えられているのです。スズメも戦前までは島にいなかったとされていますが、現在は普通に目にする鳥になっています。サトウキビ畑が広がる環境は、スズメにとっても棲息しやすい場所であるというわけです。

5　移入動物たち――ヒキガエルとイタチ

サトウキビ栽培の拡大に伴い、人が島に運び込んだ動物もいます。それが害虫駆除を目的として島に持ち込まれたオオヒキガエルとミヤコヒキガエルです。これらのカエルが持ち込まれたのは1940年代です（目的はわかりませんが、それ以前の1920年代にヌマガエルも持ち込まれています）。ミヤコヒキガエルは宮古諸島の章で紹介したように、宮古諸島固有のカエルです。一方、オオヒキガエルはアメリカ大陸原産のカエルです。オオヒキガエルは害虫駆除の目的で、ハワイ、台湾などに導入され、それらの導入地から、南大東島にも移入されました。オオヒキガエルは、さらに南大東島から石垣島に持ち込まれて、石垣島にも定着しています。

その地にいなかった生き物が持ち込まれることで、さまざまな影響がでることは、この本の中でもたびたび取り上げてきました。オオヒキガエルは、害虫に限らず、さまざまな昆虫をはじめとした小動物を捕食するため、在来の動物相に影響があると考えられています。さらに問題なのは、オオヒキガエルが毒をもつカエルだということです。このため、このカエルを捕食した生き物にも影響が心配されています。特にカエルを食べる習性のある、イリオモテヤマネコの棲息している西表島には移入されないよう注意が払われています。

大東諸島に持ち込まれた動物には、ほかに、ネズミ駆除を目的に放たれたニホンイタチもいます。ニホンイタチは南大東島には１９６６年から67年にかけて４８１頭、北大東島には１９６５年から67年にかけて４８１頭が放たれました。ニホンイタチは肉食獣ですから、餌となる生き物たちへの影響は、すぐに予測ができます。ではイタチは南大東島で、どのような生き物たちを捕食しているのでしょうか。南大東島で取得されたイタチの死体の胃袋の中身についての調査結果（７頭分）からは、ホオグロヤモリ、バッタ、甲虫、アリ、アシダカグモ、カニ類、アシヒダナメクジ、植物片などが見つかっています。かなりいろいろな生き物を食べる雑食性であることがわかります。同時にそれは、広範囲の生き物たちに影響を及ぼす可能性も示します。実際、希少種のダイトウヒメハルゼ

オオヒキガエル

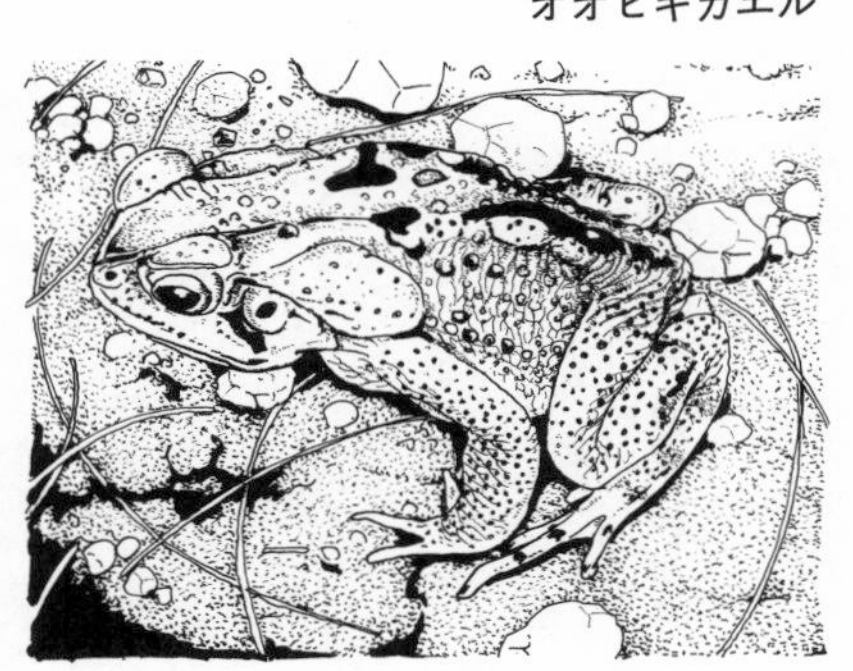

ミがニホンイタチに捕食された報告もあります。また、固有種であるヒサマツサイカブトの死体にニホンイタチと思われる歯型が残されていたという報告もあります。今後、ニホンイタチに関しては沖縄島のマングース同様、駆除に関する検討を行う必要があるのではないでしょうか。

6 固有のコウモリ——ダイトウオオコウモリ

海洋島である大東諸島に渡ることのできた哺乳類は、翼のあるコウモリの仲間だけでした。大東諸島で見られるオオコウモリは、ダイトウオオコウモリという大東諸島固有亜種として、天然記念物に指定されています。

コウモリといえば、夜に空を飛び、虫を食べる動物というイメージがあるのではないでしょうか。または、ドラキュラのお供とされるように、吸血コウモリを思い浮かべる人もいるかもしれません。ところがコウモリの中には、もっぱら花の蜜や果物だけを食べているグループがあるのです。果物食のコウモリは体も大きいので、オオコウモリと呼ばれています。また虫を食べるコウモリが音波によって虫の位置を判定し、目がとても小さくなっているのに対し、オオコウモリは食物となる花や実を探すのに大きな目を使うので、小型のコウモリたちとは顔つきもずいぶん違っています。そのため、かつて、オオコウモリと小型コウモリは別々の祖先から進化したという仮説も提出されたほどです。しかし、遺伝子の解析によって、オオコウモリと小型コウモリは共通祖先から分かれたことが証明されています。さらに、コウモリはオオコウモリと小型コウモリ（ココウモリ）という二つのグループに大きく分けられるという分類体系にも誤りがあることが最近わかりました。オオコウモリは、小型コウモリの中のあるグループから進化してきたもの（小型コウモリには、オオコウモリと系統的に関係のあるグループとそうではないグループの双方がいるということ）だったのです。

日本には、琉球列島、大東諸島にクビワオオコウモリ、小笠原諸島にオガサワラオオコウモリという2種類のオオコウモリがいます。

クビワオオコウモリは、体のサイズや毛色などにより、全部で5亜種に分けられています。

エラブオオコウモリ　口永良部島（くちえらぶじま）と中之島（なかのしま）などトカラ列島のいくつかの島に分布。
オリイオオコウモリ　沖縄諸島に分布。
ダイトウオオコウモリ　大東諸島に分布。
ヤエヤマオオコウモリ　宮古諸島と八重山諸島に分布。
タイワンオオコウモリ　台湾の東海上にある緑島（りょくとう）に分布。

ダイトウオオコウモリは、このように、クビワオオコウモリの中の一亜種なのですが、ほか

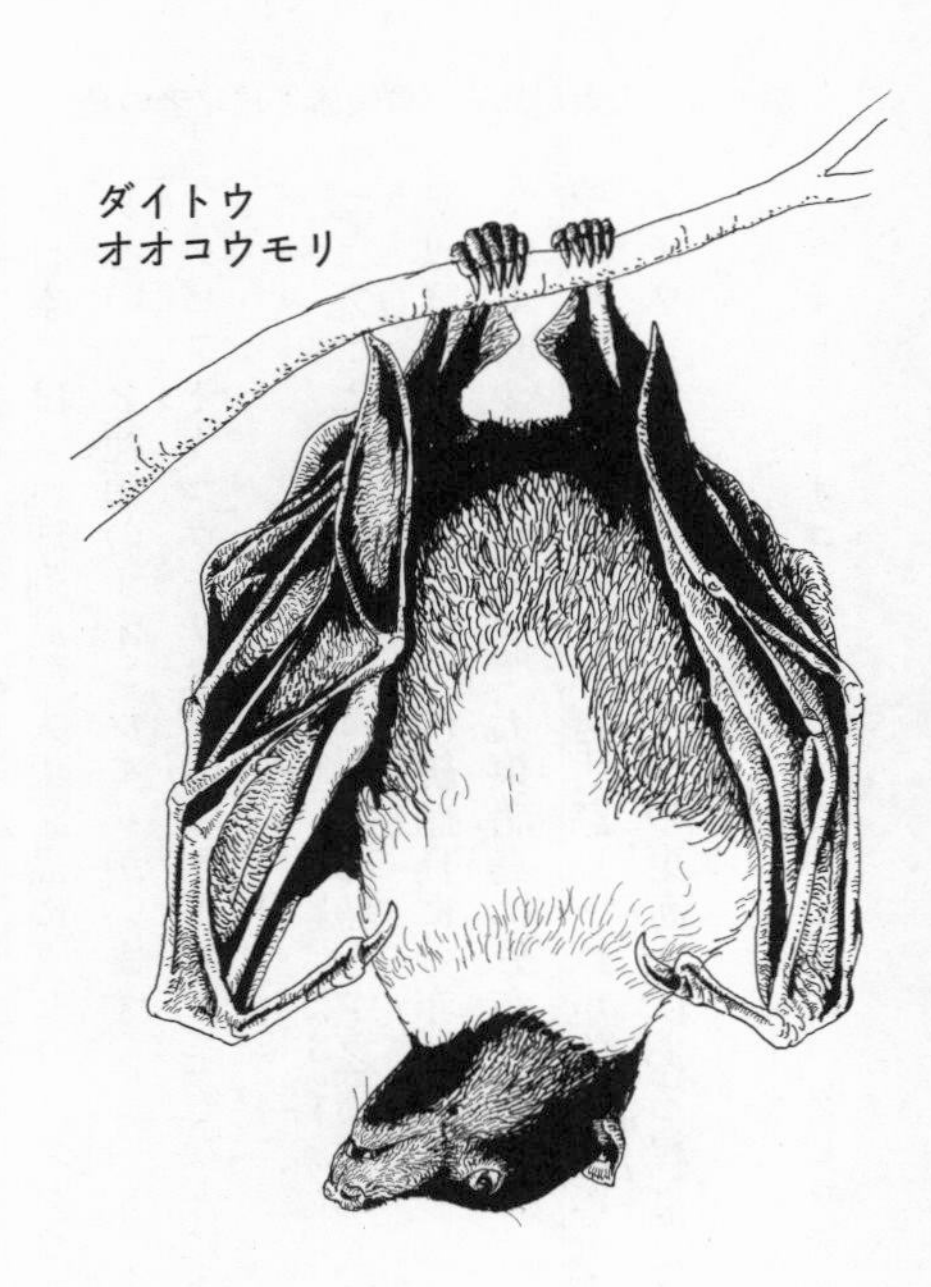
ダイトウ
オオコウモリ

の亜種がこげ茶色の体のうち、胸の部分に黄色味をおびた帯状の毛色の部分をもつ（クビワオオコウモリの名の由来）のに対し、首回りに黄色い毛色の部分があるほかにも全体に白い毛の部分が多いため、ほかの亜種とは異なった外見に見えます。一言でいえば、大変愛らしい姿に見えるオオコウモリです。

ダイトウオオコウモリはガジュマル、シマグワ、リュウキュウガキ、フクギなどの実を食べるほか、ビロウの花芽やアコウの新芽なども食べます。また、空を飛ぶオオコウモリはできるだけ体を軽くするために、餌となる植物を口にほおばったあと、かみつぶし、汁だけを飲み込み、カスはペリットとして吐き出す習性があります。このため、ペリットに注目すると、どんな植物をいつ食べていたのかに気づくことができます。

大東諸島に旅行する機会があったら、夜の散策もおすすめです。海洋島の大東諸島にはハブはいませんから、ハブの心配もいりません。昼間の散策で、オオコウモリのペリットを見かけていたら、夜、その場所に戻ってオオコウモリの飛来を待ってみてはどうでしょうか。

7　海を渡ったカタツムリ——アツマイマイ

海洋島であるハワイにもカタツムリは渡っています。同じように大東諸島にもカタツムリは分布しています。例えば1992年に報告された北大東島産のカタツムリ類のリストには28種があげられています（ただし、そのうち11種は人間の移動に伴って移入された種類、または人間が意識的に移入した種類であるとされています）。

大東諸島のカタツムリの代表といえるのが、アツマイマイの仲間です。アツマイマイの仲間（オナジマイマイ科アツマイマイ属）は、琉球列島周辺の中国（アジアマイマイ）、朝鮮半島（トウヨウマイマイ）、台湾（スインホウマイマイ）、台湾の東海上の蘭嶼（カノマイマイ、ヘリトリマイマイ）のほかに、琉球列島中の尖閣諸島（アツマイマイ）、沖永良部島（エラブマイマイ）そして大東諸島に見られるカタツムリです。

大東諸島のアツマイマイ類の種類と名前について、少し整理しておきたいと思います。南大東島と北大東島の両島にアツマイマイ類が見られるのですが、形態に若干の違いが見られます。そのため、これらが別種なのか、それとも同種なのか、研究者によって見解の違いがありました。両島で見られるアツマイマイ類は、発表当初は、それぞれ別種として記載されました。そ

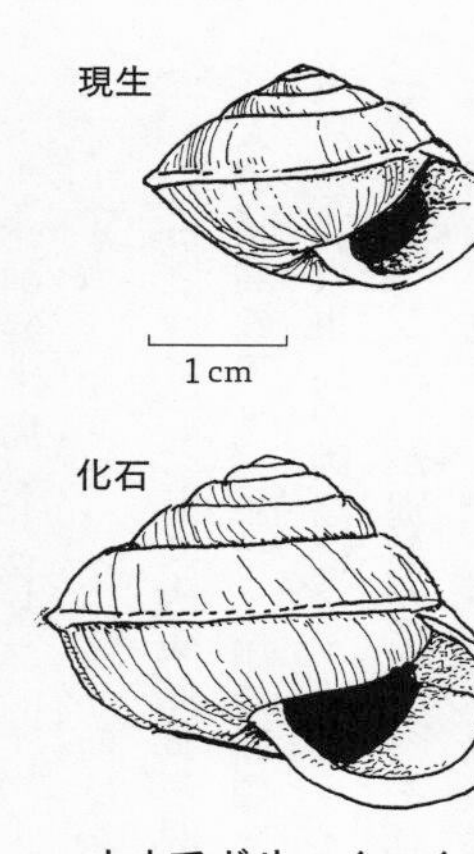

オオアガリマイマイ

の後、同種という見解が発表され、さらに再び別種という見解もだされたのち、現在は、北大東島産のアツマイマイ類はヘソアキアツマイマイ、南大東島産のものは、その亜種（オオアガリマイマイ）という扱いとなっています。また、隆起サンゴ礁の島である南大東島や北大東島の、石灰岩の割れ目や洞窟から化石のアツマイマイ類が見出され、現生種とは別の種類として命名されたことがありますが、現在では時代による殻の形態の変異にすぎないだろうと考えられています。

ヘソアキアツマイマイは大きな殻をもつカタツムリですが、そのほかの大東諸島の在来種は、小型のカタツムリが多く見られます。そうした小型のカタツムリの中にも、ダイトウヘソカドガイやダイトウジマスナガイといった固有種がいます。また、大東諸島のカタツムリは固有種が見られるだけでなく、大東諸島の成り立ちに関わった、特異な生態をもっていることも知られています。大東諸島は、環礁が隆起して、現在のような島になったと考えられています。そのため、本来は海浜に暮らしているカタツムリの仲間が、島の隆起に伴い、海浜よりずっと内陸部に暮らすようになる現象が知られているのです。こうした棲息場所の変化が見られるものに、ダイトウオカチグサガイやダイトウスナガイがいます。また、イオウジマノミガイの仲間のように、遠く離れた小笠原諸島と共通するカタツムリが見られることも特徴にあげられます。アツバクコは、鳥によって種子散布が行われたため、ハワイ、小笠原、沖縄というように隔離分布が見られるという話を先に紹介しました。最近の研究では、ノミガイのような小型のカタツムリが、鳥に食べられた後、一部は死なずに糞と一緒に排出されることがあるとわかってきています。そのため、小型カタツムリも鳥による長距離散布の可能性が考えられるようになりました。大東諸島のイオウジマノミガイなども、そうやって運ばれてきたものかもしれません。

8　冒険者と侵略者の島

ただし、こうした大東諸島の特有のカタツムリたちに、危機が迫っています。

島の周囲を断崖で取り囲まれている南大東島では、港へ向かう道は断崖を掘りこんで作られています。そのため西港（にしこう）への道沿いの石灰岩の崖を見ると、鍾乳洞の断面が顔をのぞかせているのにも気づきます。さらによく見ると、その鍾乳洞の断面に、おびただしいカタツムリの殻が付着しているのが目に留まるはずです。

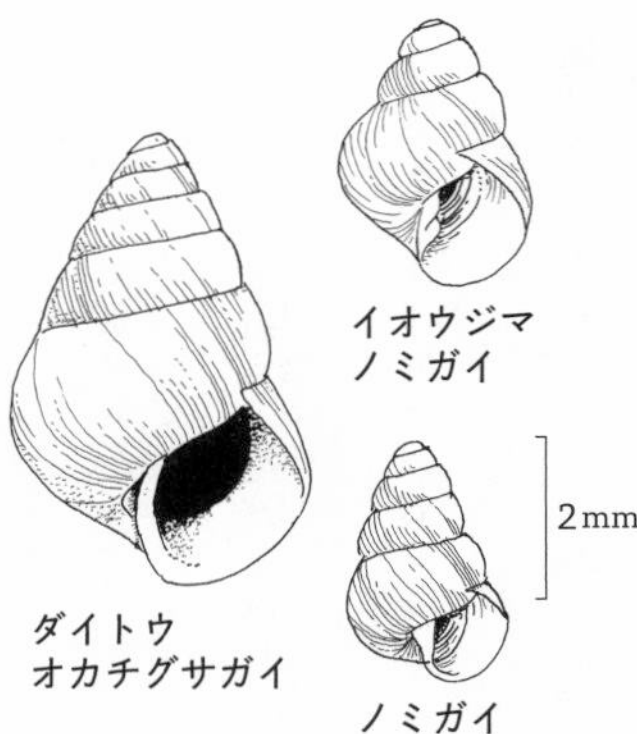

南大東島の小型カタツムリ

付着しているのはオオアガリマイマイの化石で、現生のものと比べると、殻が大きいという特徴があります。それにしても、無人島だった時代は、この島に、実に数多くのカタツムリが棲息していた様子が、化石の産出状況からうかがえます。

ところが現在、島の中の森に入り込んでみても、アツマイマイの仲間は、死殻は簡単に見つかりますが、生きたものの姿はなかなか見つかりません。

2018年に発表された県版のレッドデータブックには、「2000年代中頃までは〔北大東島の〕長幕（ながはぐ）の自然林に多産し、1日で100個以上を見出すことも容易であったが近年激減し、2015、2016年の調査ではわずかな個体しか確認されていない。（中略）捕食者であるニューギニアヤリガタウズムシの侵入などにより短期間で激減した可能性が極めて高い」と書かれています。

ニューギニアヤリガタウズムシというのは、高校の生物の教科書に登場するプラナリアの仲間の陸棲のものです。このニューギニアヤリガタウズムシは、カタツムリやナメクジを捕食します。この生き物は、熱帯、亜熱帯各地に持ち込まれ定着し、作物などに被害を出しているアフリカマイマイの防除に利用できるのではないかと原産地より持ち出されたものなのです。しかし、ニューギニアヤリガタウズムシは、アフリカマイマイではなく、各地で在来のカタツムリに多大な被害を及ぼしてしまいました。

アフリカマイマイは、その名前の通り、アフリカ大陸原産のカタツムリです。原産地から、

1760年にマダガスカルに移入されたのち、インドなどへも広がり、1922年にはマレー半島やシンガポールにも持ち込まれました。日本には、当時日本領だった台湾へ1933年に持ち込まれ、それが戦前、沖縄にも持ち込まれ、定着することになります。沖縄の島々では、街中や里周辺で、この大きなカタツムリの姿は普通に見られます。

海洋島の特異な自然を誇る小笠原諸島にもアフリカマイマイは定着しています。小笠原には、もともと固有なカタツムリが豊富に棲息していたのですが、そこにニューギニアヤリガタウズムシが入り込み、在来カタツムリの個体数の急速な減少を引き起こしています。南大東島でも2004年にニューギニアヤリガタウズムシが確認され、それ以降、島のカタツムリたちはこの外来種によって危機にさらされています。

大東諸島のような海洋島には、なんらかの方法で海を渡ってくる生き物しか棲みつくことはできません。そういう意味で、海洋島の生き物たちは、皆、海を越えた冒険者やその子孫たちです。

しかし、人間の海洋への進出と同時に、そうした状況に変化が起こりました。人間はさまざまな生き物を、意図的、非意図的に島に持ち込んだからです。こうした生き物たちは、それまでの島の生態系を乱し、場合によっては在来の種類を絶滅へと追い込みます。海洋島は冒険者の島であると同時に、このような侵略者——外来種の島でもあるといえます。

しかし、外来種が侵略的であるといっても、本来、その生き物自体が侵略的というわけではありません。原産地では、そうした生き物も、ほかの生き物と長い歴史の中で作り上げてきた関係性の中で、ごく普通に生きてきたはずです。そんな生き物を侵略的な存在にしてしまったのは、何より人のせいであることは間違いありません。

ここまで見てきたように、一口に沖縄の生き物といっても、中琉球、南琉球の宮古諸島、八重山諸島（さらには与那国島）、尖閣諸島、大東諸島という島々の区分ごとに、島の成り立ちが異なり、それぞれの島で見られる生き物には大きな違いがあります。また、これらの島々に棲まう生き物たちについては、現在もなお、新たな事実が次々にわかってきています。と、同時に、まだまだわからないこと、謎のままのことも多いのです。また、島によって、生き物たちが直面しているさまざまな問題にも違いがあるわけです。

第6章　人と自然の関わり

1　島々の生物文化

　ここまで、沖縄の島々を、沖縄諸島（第2章）、宮古諸島（第3章）、八重山諸島と尖閣諸島（第4章）、大東諸島（第5章）と、地域ごとに紹介してきました。しかし、例えば八重山諸島の中でも黒島や波照間島については触れられていません。宮古諸島には多良間島が含まれますが、第4章の中で多良間島の自然について項を立てての紹介もできていません。沖縄の島々すべてについて紹介するには、筆の力もスペースも十分ではないからですが、最後にこれまで紹介できなかった島々のいくつかを取り上げながら、人々と自然との関わりについて見ていくことにしましょう。

　1477年の2月、ミカンを積んで出帆した済州（チェジュ）島民を乗せた船が暴風にあって吹き流され、

島名	主要作物	石灰岩の割合	高島・低島
与那国島	稲 粟（粟は好まず）	41%	高（低）
西表島	稲 粟（稲の1/3）	7%	高
波照間島	（稲はない） 黍・粟・麦	100%	低
新城島	（米は西表から） 黍・粟・麦	100%	低
黒島	（米は西表から） 黍・粟・麦	100%	低
多良間島	稲（麦の1/10） 黍・粟・麦	96%	低
伊良部島	（稲はない） 黍・粟・麦	85%	低
宮古島	稲 黍・粟・麦	90%	低

15世紀の漂流民の記録に見る、各島の主要穀物とそれらの島の地形分類（盛口2019を改変。石灰岩の割合は目崎1985による）

漂流ののちに与那国島に漂着したという出来事がありました。与那国島の人々は、漂着した言葉も通じない人々を助け、半年後に西表島に送り届けます。西表島の人々も漂流民を助け、次の島へと送り届けます。やがて彼らは琉球王国の王府のある沖縄島にたどりつき、生まれ故郷へ戻ることもできました。その結果、この当時の琉球列島の島々の様子が朝鮮王朝の公的な記録に漂流民からの聞き書きによって書き残されます。今から500年以上前の人々の貴重な記録がこうして残されました。

この記録をもとに、島ごとの当時の主要作物と、島の環境（石灰岩の割合）、高島か低島かの分類を表にしてみます。

この当時、琉球列島にはまだサツマイ

モは持ち込まれておらず、石灰岩地の割合の大きな低島の主要作物は粟(あわ)などの雑穀で、石灰岩地の割合の小さな高島の主要作物は稲であったことがわかります。また、どうやら雑穀より米を食べるほうが好まれたらしく、稲を栽培していない島は近くの高島から米を取り寄せていたようです。

八重山にはヌングンジマとタングンジマという言葉があります。それぞれ漢字に直すと野国島、田国島となります。先ほどの表にあるように、低島の主要作物である雑穀は畑で作られ、高島の主要作物である稲は田んぼで作られます。つまり、これは低島と高島を区分けする呼び名なのです。

低島は一般に高島に比べて生物多様性は低いため、陸域の生き物には際立った特徴がないように思いがちです(私自身、そう思っていました)。ところが、1960年頃まで、島の人々の多くは、その土地で、半ば自給自足的な生活を送ってきました。つまり、高島であろうが、低島であろうが、その島で得られる資源をうまく利用して、自分たちの生活が成り立つようにしていたわけです。自給自足的な生活を送る場合、単純に田畑があれば、それでよしとはなりません。作物を作るためには肥料の素材が必要です。家畜の糞を肥料にするとしたら、家畜の餌となる植物をどこかから得なければなりません。また、かつては野山の草木の葉を田畑にすき込む、緑肥(りょくひ)がよく利用されました。この緑肥にも、緑肥として利用できる植物の存在が必要となります。日常の煮炊きに使う燃料となる薪も必要です。さまざまな作業に使うための道具の素材もどこかから得なければなりません。高島の場合、集落の背後には山が控え、集落のわきには川が流れていることが多かったので、そのような周囲の環境に生育する多様な動植物を生活の中で利用してきました。では、低島ではどうでしょう。低島でも、生活に最低限必要な資源の量や種類は高島と変わらないはずです。ただし、低島では利用できる植物の種類は限られています。そこで高島では用途ごとに異なった植物を利用していたのに対し、低島では限られた植物にさまざまな用途を割りあて利用するという工夫が見られました。

宮古諸島の池間島の例を紹介しましょう。

池間島の面積は2・8平方キロ。与那国島は石垣島の10分の1の面積しかありませんが、池間島はその与那国島のさらに10分の1の面積しかありません。この小さな島で、人々は畑を耕し、また漁業を営み生活してきました。

池間島の自然の特徴は、島の北部海岸にアダンニーと呼ばれるアダン林があることです。このアダン林は植栽され、その後も人々の生活に欠かせない場所として大事にされてきたものです。かつての島の人々の主食は、畑でとれたサツマイモでした。このサツマイモを煮るための薪は、アダンの枯れ葉でした。森のない小さな島では木の薪は使うことができなかったのです。枯れ葉はすぐに燃えてしまうため、毎日のように枯れ葉をとりにアダンニーに通ったと、島の年配の女性は語ります。2017年に、池間島の小中学校の生徒たちが総合の授業で「島の暮らしを支えたもの――アダン文化を学ぶ」というテーマで学習を行った際に、実際にどのくらいのアダンの枯れ葉が、イモを煮炊きするのに必要なのかを実験してみた結果があります。それによると7リットルの水で9・3キロのイモをアダンの葉を利用して炊いた場合、およそ25キロの枯れ葉が必要で、所要時間は37分かかったということでした。やはり、かなりの量の枯れ葉が必要だったというわけです。

アダンは燃料の供給源となっただけではありません。アダンは一見、パイナップルを思わせるような実をつけます。この実は熟すと、たくさんの分果となってばらばらになるのですが、この分果の根元はオレンジ色をしていて、甘みがあり、柔らかく、食べることができます。とはいっても、やや癖のある味なので、この実をおやつがわりにした島もあれば、しなかった島もあります。池間島の子どもたちはアダンの実をおやつとして大いに利用しました。さらに、同じアダンでも、おいしい実をつけるものとそうではないものとを見分けていたといいます。そうした利用がなされていたため、さらにアダンは呼び分けられていました。おいしい実をつけるアダンは水アダン、おいしくない実をつけるものは石アダンと呼んでいたのです。おもしろいことに、この実の性質の違いは、幹の材質とも相関していたといいます。アダンの幹はぐねぐねとまがることがおおく、また髄は柔らかいため、通常、材としては使いません。ところが池間島では、石

アダンの実

アダンの幹は水アダンに比べてしっかりしているので、簡易的な小屋などの柱に使ったといいます。

水アダン、石アダンという呼び名のほかにも、池間島ではアダンに特別な呼び名がありました。それは、アダンのばらばらになった分果をツガキと呼び、アダンの実の中の柔らかな軸の部分をバスと呼んでいたことです。つまり、アダンの実の部分名称があったわけです。熟したツガキの根元は子どもがしゃぶっておやつとしましたが、硬いツガキ本体は乾燥させたあと、魚やタコを燻製(くんせい)にするときのチップとして使われました。また、バスは適当に切って料理の素材に使われました。実際に食べたことがありますが、味のしない、柔らかなタケノコといった感じの食材です。

アダンは幹の途中から、たくさんの気根をたらします。この気根からは丈夫な繊維が取れます。アダンの繊維を利用するのは、ほかの各地の島でも見られることなのですが、池間島でも、この繊維を利用して、ロープや、アンディラと呼ばれる漁獲物を入れる網かごなどが作られました。

2　民謡に歌われた自然

沖縄にはさまざまな伝統文化があります。島々に伝わる民謡もそうした伝統文化の一つです。

文化は人間が作り出したものですが、人間は、その土地の自然を利用して生きてきました。つまり文化には自然が反映されるということになります。

例えば沖縄には、島ごとに伝わる民謡があります。その民謡にも、島の自然が映し出されています。

鳩間節という軽快なリズムの舞踊曲があります。国際通りで、歌や踊りを鑑賞しながら飲み食いができるお店に入ると、上演される演目かもしれません。この曲は、題名にあるように、もともとは八重山諸島の鳩間島に伝わる民謡です。沖縄島に伝わって、4番まである舞踊曲として編曲されましたが、もとの民謡は10番を超える長い歌です。その13番と14番は次のような歌詞になっています。

舟浦(フノーラ)人(ピトゥ)ぬ走(パ)りくーば　アディンガ(樫の実)ぬ殻(グル)に　神酒(ミキ)ぬまし
(西表島の舟浦村の人が走ってきたら、オキナワウラジロガシの殻斗で神酒を飲まそう)
上原(ウイパル)人(ピトゥ)ぬ寄りくらばー　ハモウル(蛤)ぬ殻に　ちょん酒(サキ)ぬまさ
(西表島の上原村の人が立ち寄ったら、イソハマグリの殻で酒を飲まそう)

アディンガというのは、日本最大のドングリ、オキナワウラジロガシのドングリのことです。ハモウルというのは、ハマグリという意味ですが、実際はイソハマグリという貝のことを指しています。オキナワウラジロガシは大きなドングリですが、その殻斗（帽子とも呼んでいる、ドングリの受け皿のようなもの）の大きさはたかがしれています。またイソハマグリは、ハマグリという名はついていますが、シジミを一回り大きくした程度の大きさの貝です。いずれも、神酒（米を人が口でかみ、発酵させた濁り酒のようなもの）や酒を入れて飲むには小さすぎます。鳩間島は西表島西部の沖合に浮かぶ小島ですが、この島に、対岸の西表島にある上原や舟浦（船浦）の人々がきたら、こんな小さな杯をだそう……という内容を歌っていることになります。

この歌詞の意味を説明するためには、少し長い説明が必要となります。

15世紀の朝鮮人漂流記の記録を見ると、その頃は低島では雑穀を、高島では稲を作って食べていたとありました。ところで琉球王国は、1609年、薩摩（さつま）に侵略されます。薩摩は奄美大島、喜界島、徳之島、沖永良部島、与論島を薩摩の領土に編入するとともに、琉球国から薩摩への貢物を行うことも決められました。こうしたことから財政的に困窮した琉球王国は、厳しい税制をしくことになります。八重山や宮古においては人頭税と呼ばれる税制が施行され人々を苦しめることになります（必ずしも八重山や宮古にだけ税制が厳しかったわけではないようですが、離島では沖縄島よりも生産性が低いなどの理由もあいまって、過酷な時代が続いたようです）。

さらに、この時代、八重山諸島の人々を苦しめる要因に、マラリアという、カによって媒介される伝染病がはびこっていたこともありました（マラリアが撲滅されるのは、戦後のことになります）。そのため、面積が狭く、川がないために水を得るのに苦労するとしても、マラリアを媒介する力が棲息していない低島で暮らすほうが、感染の危険から逃れられるという利点がありました。半面、高島では稲作ができるという利点がありつつも、たえずマラリアの脅威にさらされることになりました。

かつて西表島は、マラリアが蔓延（まんえん）している島だったのです。

そのような島であっても、海岸沿いに集落があり、人々は農耕を続けていました。一方、鳩間島や新城島など、西表島の周辺の低島に住む人々はマラリアの脅威からはまぬがれましたが、琉球王府から定められた税を納めるため、海を渡り西表島に田んぼを拓き、稲作を行う必要がありました。

こうした背景がある中で、あるとき、事件が起こります。西表島で田作りをしていた鳩間島の人々の田んぼが豊作であったのに、西表島の上原や舟浦の人々が作っていた田んぼが不作だった年がありました。このとき、西表の人々は、鳩間の人に難癖をつけ、いさかいが起こります。結局、鳩間の人々は、今まで作っていた田んぼを棄て、新たな土地に田んぼを拓くことになります。その田んぼに豊かに稲が実り……。

こうした経緯を歌ったのが鳩間節なのです。ですから、いさかいをしていた相手であった、西表島の人々が鳩間島に来ることがあったら、ドングリの殻斗や小さな貝殻で酒を飲ませて歓迎してやれ……という、ちょっときついジョークが歌いこまれることになりました。

ちなみに、オキナワウラジロガシにアディンガという名があるのは、このドングリを西表島では利用していた歴史があるからです。田んぼが不作のときにはさまざまな救荒食が利用されました。その一つがドングリです。オキナワウラジロガシのドングリにはでんぷんが含まれていますが、同時にタンニンという苦み成分も大量に含まれています。粉にしたドングリを水にさらし、苦みを抜けば食べられるようになりますが、かなりの手間がかかります。私自身がやってみたところ、一週間ほど水替えをして、ようやく苦みを抜くことができました（それでも、若干の苦みは残ります）。

鳩間島は低島なので、ブナ科の木は生えていません。すなわち、鳩間節に登場するアディンガという名は、西表島から伝わった言葉です。おそらく、鳩間島でも作物が不作のときに、西表島でドングリを拾い、西表島の人々の知恵を借りて食用にしたことがあったのではないでしょうか。

このように、鳩間節に登場するドングリには、救荒食として利用できる有用植物であるというありがたさと、それでも手間がかかりあまりおいしい食材ではないという複雑な思いが込められています。そして低島と高島との間の、時にはもちつもたれつの、そして時には反発しあう関係性も込められています。自然と人との関係は、人の歴史や島の環境、島と島の関わりなど、複雑な背景の中に生み出されたものであるわけです。

3 ジュゴンと人の関わり

鳩間島と同じく、西表島に隣接する低島に新城島（下地と上地という近接している二つの島からなっている）があります。新城にも、伝統的な歌が伝わっています。その一つが、ヨルカヨレという、マングローブの生態を歌いこんだ歌です。

ヨルカヨレ　キユガピバムトバシ　ヨルカヨ
ヨルカヨレ　ウルジンヌナルタ　ヨルカヨ
ヨルカヨレ　パイカジヌウシュタ　ヨルカヨ

このような歌詞が全部で24番まであります。その大意は、「うりずんの季節、若夏の季節がきた（沖縄の春）。南風が吹き、ヒルギの花が咲き、実がなった。やがて花が落ち、実が落ちて、水の上に浮いた。引き潮に乗ってヒシのクチのところへ出て行って、白波にもまれた。満ち潮に乗って、同じ河口に戻ってきて、カニの巣穴に定着した」といった内容です。これは、見事にヒルギの仲間の胎生種子を観察した内容を歌いこんでいます。

マングローブ林周辺にはさまざまなカニが棲んでいることは紹介しました。それらのカニの中にはマングローブの落ち葉を食べるものもいます。また、落ち葉だけでなく、胎生種子も巣穴に引っ張り込み食べてしまいます。ところが、引っ張り込まれても、すべてが食べられてしまうわけではなく、一部分しか食べられなかった胎生種子の中にはうまく根を伸ばして成長を始めるものもあるようです。

ところで新城島は低島なので、マングローブ林はありません。そんな島に暮らす人々が、なぜ見事にマングローブの生態を歌いこんだ歌を作れたのでしょうか。

新城島の人々も、かつては海を渡り、西表島東部仲間川周辺に田んぼを拓いて稲作を行っていたのです。おそらく、田んぼへ通うために海を渡り、仲間川をさかのぼる中で、水中を漂う胎生種子の様子などを見る機会があったということなのでしょう。

新城島の人々に課せられた税は、稲作によって得られた米のほかにもありました。それが八重山諸島近海で捕れるジュゴンの皮の干物です。

ジュゴンはイノーの砂地に生える海草を食べるという話を第1章で紹介しました。このイノーに入り込んできたジュゴンは古くから島々で人々の食料にされており、貝塚などからその骨が出土しています。琉球王国時代になると、王府は八重山諸島におけるジュゴンの捕獲は新城島民にのみ許可し、税として納めさせるようになりました。干されたジュゴンの皮は、珍味として、中国からの使節団の接待の料理などに使われたのです。

このジュゴン漁の様子を歌いこんだ歌も、新城島には伝わっています。

私が新城出身の方から教えてもらったのは、次のような歌詞のものでした。

マージャミヤラビヌヨメ　ショーレーノガナシ
セーカーミヤラビヌヨメ　ショーレーノガナシ
シルビヤマバマーリアラキヨメ　ショーレノガナシ
アダニヤマバマーリアラキヨメ　ショーレノガナシ

このような歌詞が24番までつづきます。大意は、「防潮林で、オオハマボウやアダンから繊維を取り出して、ジュゴン漁の網を作って、それを舟に乗せて、石垣島のほうへ漕いでいって、真謝（まじゃ）フチ（真謝というところにある、ヒシのクチ）や四箇（しか）フチ（四箇のクチ）に行って網をはって引き潮を待って、フチから外洋に出ようとするジュゴンを捕ろうとして……」といった内容です。新城島にも、アダンの生えている防潮林があり、そのアダンの繊維が網に利用されていたことがわかります。

ジュゴンは、このように食用として利用されていた半面、神の使いであるという認識も人々は持ち合わせていました。それは、満潮時、ジュゴンがヒシのクチを通って、外洋からイノーの中に入って海草を食べ、引き潮になる前に再びクチを通って外洋に出ていくからです。沖縄には、海のかなたにニライカナイという神の世界があるという信仰がありました。ジュゴンは、ニライカナイに通じる外洋から、人の世界に近接しているイノーにやってくる動物であったことから、神の使いであるという認識が生まれたというわけです。例えば、沖縄島の大宜味村の神事の古謡の中には、ジュゴンが登場しますが、その内容は、遊びを終えた神がジュゴンを馬にしてニライカナイに帰るというものです。そうしたことから、ジュゴンを食べる場合、家に持ち帰ることはせず、浜で料理して食べなくてはならず、その禁を破ると不幸が起きるという言い伝えもありました。また八重山諸島や宮古諸島を襲った、1771年の明和（めいわ）の大津波の際は、津波の直前にジュゴンと思しき動物が人々に捕まり、命乞いをした際に津波を予言したという伝承もあります。

自然は恵みであり、生活に必須（ひっす）のものであると同時に、人間の力の及ばぬものであり、人間の力を過信し、おごってはいけない。ジュゴンをめぐる人々の認識からは、そうした思いが伝わってくるように思います。

4　生物文化多様性

2010年に名古屋市でCOP10（生物多様性条約第10回締結国会議）が開催されて以降、日本でも生物多様性という言葉を頻繁に耳にするようになりました。地球の上で人間が生きていくことができたのは、生物多様性に依拠していたからだし、これからも生き続けるには、生物多様性を保全しなければならない。そうした意識が、まだ十分とはいえませんが、少しずつ認知されるようになってきています。そして、生物多様性に依拠してきた人間が作り出したものがあります。それが生物文化多様性です。

この本で見てきたように、沖縄の島々には、それぞれ固有の、しかも豊かな自然が息づいています。そして島々に暮らす人々は、その自然と豊かな関係性を作り出してきたのです。その歴史の中では、人々が行き過ぎることもありました。例えば建築や造船などのために山の木を無秩序に切り出し山が荒れると、材木の供給が滞るようになるだけでなく、そのほかの自然利用にも影響がでるようになります。森が雨を受け止められなくなれば、川が氾濫し耕作地を流失させることも起こるでしょう。こうした状況に警鐘を鳴らし、森林保護の政策を打ち出したのが、国際通りに架かる橋に名を遺す、琉球王国時代の施政官であった蔡温（1682～1761）です。蔡温の打ち出した森林保護や環境保全の施策は、高島と低島で異なりました。低島の場合は、用材確保や保水のための森林保全よりも、第一に防風や防潮のための海岸林の保全に注意が払われました。池間島のアダンニーも、そうした蔡温時代に始まる防風林に端を発し、1960年代まで人々の生活に欠かせない林として存在していたものです。

沖縄の島々では1963年の大干ばつを機に、それまで各地で行われていた稲作が放棄され、サトウキビへの転作が一気に進みました。これには、当時、キューバ危機（1962年）をきっかけに起こった、国際的な糖価の上昇も影響しています。人々の最も身近にあった里山の光景はこうして姿を変えます。「沖縄といえば、一面のサトウキビ畑」というのは、昔からそうだったわけではないのです。商品経済の浸透は同じ頃、日本本土でも進行しています。薪や炭は使われなくなり、代わりにプロパンガスが導入され、雑木林が利用されなくなってきました。しかし、１９６０年代以降の里山の変化は、日本本土よりも沖縄の島々のほうが、より急激であり、より徹底的であったといえます。

本書では、ほんの一部しか伝えることができなかったと思うのですが、琉球諸島（南西諸島）の島々には、本当に多様な自然が息づいています。なかにはすでに絶滅してしまった生き物たちもいます。それでも、ヤンバルクイナのように飛べないクイナが有人島で現在まで生き延びているのは奇跡といえます。また、イリオモテヤマネコのように、世界の中で最も狭い棲息域で生き続けている野生ネコも存在しています。そうした琉球諸島の生き物たちは次代に受け継ぐべき宝物といえます。そのような宝物を受け継ぐには、なにより沖縄の生物多様性を知ることが大事であると考えています。と、同時に、島々の生物多様性を守るためにも沖縄の人々の自然との関わりである、生物文化多様性を知り、伝えることもとても大事なことだと思っています。本書がそのようなことを知り、気づくきっかけの一端になれば幸いです。

あとがき

勤務している大学の教養科目の授業で、「沖縄の自然とその変化」について、1時間、授業をしました。授業の中で、「沖縄の生き物と言えば何を思い浮かべますか?」という質問をしたところ、返された答えの多くは、やはりヤンバルクイナというものでした。授業の中では、海洋島であるハワイの生物相と沖縄の生物相を比較しながら、沖縄の生き物の独自性を紹介し、また、1960年代以降、沖縄の身近な自然が大きく変化したことも伝えました。つまり、本書に書いた内容のダイジェスト版のような授業をしたわけです。授業後の感想用紙の中には、「家にいるゴキブリは嫌いだけど、スライドに出てきた宮古島のゴキブリは見た目がゴキブリ感がなくて、ちょっとかわいかったです」と書かれたものもあって、少し笑ってしまいました。私の勤務している大学の学生たちの多くは、県内出身なのですが、地元の自然の特徴やその変化については知る機会があまりなかったということが感想の中からはうかがえました。これは県内在住者だけに限る話ではなく、島を訪れる多くの観光客の人々も同様なのではないでしょうか。一人でも多くの人に、沖縄の自然について知ってほしいという思いが、本書を書いた動機となっています。

私は大学生時代から、中公新書に親しんできました。その当時買い求めた『自然観察入門』（日浦勇著）や『昆虫学五十年』（岩田久二雄著）といった本は、いまだに研究室の書棚に収まっています。そのような思い入れのある中公新書に、「沖縄の自然」をテーマに執筆をしないかということを、編集者である吉田亮子さんからお声掛けいただきました。本書の中でも触れているように、沖縄は生物多様性のきわめて高い地域です。私は大学で植物生態学を専攻しましたが、大学卒業後は高校の理科教諭を経て、現在は大学の初等教育養成課程で理科教育を担当しています。つまり沖縄の生物多様性を紹介するには、専門的な分野に関して力不足の感が否めません。はたしてその概要を紹介することができるだろうかと、恐る恐る執筆にとりかかったのですが、なんとかまとめることができたのは参考文献にあげさせていただいた、多くの方の著作や論文のおかげです。ここに記して感謝したいと思います。

2022年12月

盛口満

中本敦ほか（2007）「クビワオオコウモリ *Pteropus dasymallus* の餌リスト」『沖縄生物学会誌』45:61-77
前野ウルド浩太郎（2012）『孤独なバッタが群れるとき』東海大学出版会
正富宏之・加藤克監修（2013）『鳥獣採集家　折居彪二郎採集日誌』折居彪二郎研究会
松井普ほか（2010）「南大東島へのニューギニアヤリガタウズムシの侵入」『日本応用動物昆虫学会誌』54(3):143-146
横田昌嗣（2009）「後世に残すべき南大東島の貴重な植物」中井精一ほか編『南大東島の人と自然』南方新社 pp.152-167

東京工業大学「オオコウモリ２種の全ゲノム配列を解読」
https://educ.titech.ac.jp/bio/news/2020_10/059703.html

第６章

新城俊昭（1994）『高等学校　琉球・沖縄史』新城俊昭
小濱光次郎（1998）『音高符号付　鳩間島古典民謡古謡集工工四』小濱光次郎
谷川健一（1989）『常世論』講談社学術文庫
三輪大介（2011）「近世琉球王国の環境劣化と社会的対応－蔡温の資源管理政策」安渓遊地・当山昌直編『奄美沖縄環境史資料集成』南方新社 pp.303-333
三輪大介（2018）「歴史に刻まれたアダン」『琉球弧アダンサミット2017報告書』pp.28-34

Zootaxa. DOI:10.11646/ZOOTAXA.5128.1.3
Rukmane A.（2016）Six new species of the genus *Pachyrhynchus* GERMAR, 1824（COLEOPTERA: CURCULIONIDAE）from the Philippines. *Acta Biol. Univ. Daugavp.* **16**(1):77-89
Tamada T. et al.（2008）Molecular diversity and phylogeography of the Asian leopard cat, *Feris bengalensis,* inferred from mitochondrial and Y-chromosomal DNA sequences. *ZOOLOGICAL SCIENCE.* **25**:154-163
Vasava A.（2011）Crested serpent-eagle *Spilornis cheela* preying on termites（Termitidae）in Shoolpaneshwar Wildlife Sanctuary, Gujarat, India. *INDIAN BIRDS* **7**(2):56
Watanabe S. et al.（2003）Habitat and prey resource overlap between the Iriomote cat *Prionailurus iriomotensis* and introduced feral cat *Felis catus* based on assessment of scat and distribution. *Mammal Study.* **28**:47-56
Yamasaki T.（1991）Occurrence of *Megacrania alpheus*（Cheleutoptera: Phasmatidae）in Iriomote-jima Island, the Ryukyus. *Proc. Japan. Soc. Syst. Zool.* **44**:49-56

産総研「ゾウムシが硬いのは共生細菌によることを解明」2017年９月19日
https://www.aist.go.jp/aist_j/press_release/pr2017/pr20170919/pr20170919.html
北海道大学「特別天然記念物・アホウドリに２種が含まれることを解明」2020年11月20日
https://www.hokudai.ac.jp/news/pdf/201120_pr.pdf

第５章

大沢夕志・大沢啓子（1995）『オオコウモリの飛ぶ島』山と渓谷社
奥土晴夫（1999）「南大東島におけるダイトウヒメハルゼミの生態」『沖縄生物学会誌』**37**:29-36
奥土晴夫（2000）『南大東島の自然』ニライ社
黒住耐二（1992）「北大東島の陸産貝類」『ダイトウオオコウモリ保護対策緊急調査報告書』沖縄県教育委員会 pp.73-90
小林峻ほか（2022）「南大東島における外来種ニホンイタチ（哺乳綱：食肉目：イタチ科）の分布と食性」『沖縄生物学会誌』60:43-52
城間雨邨編（2001）『南大東島開拓百周年記念誌』南大東村役場
冨山清升（2017）「外来種動物としてのアフリカマイマイ」鹿児島大学生物多様性研究会編　『奄美群島の外来生物』南方新社 pp.132-164

第4章

伊澤雅子ほか（2006）「西表島生態系の多様性ーイリオモテヤマネコが鍵を握るー」琉球大学21世紀COEプログラム編集委員会編『美ら島の自然史』東海大学出版会 pp.278-288
伊澤雅子ほか（2018）「イリオモテヤマネコとツシマヤマネコ」増田隆一編『日本の食肉類』東京大学出版会 pp.246-265
石垣市立八重山博物館（1986）『八重山のチョウ　セミ　トンボ』石垣市立八重山博物館
川井田俊（2018）「マングローブ域におけるカニ類の分布とセルロース分解能との関係」東京大学 学位論文 博士（農学）甲第34895号
川井田俊（2019）「マングローブ域におけるカニ類の棲み分けと餌利用との関係ーセルロース分解能に着目してー」『Cancer』**28**:65-69
高良鉄夫（1977）『自然との対話』琉球新報社
田中聡（2009）「ヨナグニキノボリトカゲの生態について」『与那国島総合調査報告書　沖縄県立博物館・美術館』pp.13-22
時田喜子ほか（2014）「八重山諸島におけるカンムリワシの胃内容物」『Bird Research』**10**:13-18
戸部有沙ほか（2020）「DNAバーコーディングを用いたアンブレラ種２種の食性解析を通した西表島生態系の保全」『自然保護助成基金助成成果報告書』**29**:238-248
中西希（2018）「水の島・西表島に棲むイリオモテヤマネコ」『ぎょぶる特別編集　西表島自然観』pp.10-19
中村武久ほか（1998）『マングローブ入門』めこん
藤田喜久ほか（2014）「宮古島に定着したヤエヤマイシガメによるミヤコサワガニの捕食」『沖縄生物学会誌』**52**:53-58
細将貴（2012）『右利きのヘビ仮説』東海大学出版会
松村稔編（2015）『与那国島の自然と動植物』与那国町教育委員会
水谷晃ほか（2021）「西表島におけるイリオモテヤマネコによるカンムリワシ巣立ち雛の捕食」『沖縄生物学会誌』**59**:29-35
安間繁樹（2001）『琉球列島　生物の多様性と列島の生い立ち』東海大学出版会
Hoso M.et al. (2008) Divergent shell shape as an antipredator adaptation in tropical land snail. *Am Nat.* **172**(5):726-732
Hoso M. (2012) Cost of autotomy drives ontogenetic switching of anti-predator mechanisms under developmental constraints in a land snail. *Proc. R. Soc. B.* **279**:4811-4816
Koizumi Y. et al. (2022) A new species of the genus *Scincella* (Squamata: Scincidae) from Yonagunijima Island, Southern Ryukyus, Japan.

Philippine. *Forktail.* **20**:1-7
Kirchaman J. J. et al. (2007) New species of extinct rails (Aves:Rallidae) from archaeological site in the Marquesas Islands, French Polynesia. *Pacific Science.* **61**(1):145-163
Kobayashi D. et al. (2011) Bumphead Parrotfish (*Bolbometopon muricatum*) Statas review.
Nakamura Y. et al. (2015) Late Pleistocene-Holocene amphibians from Okinawajima Island in the Ryukyu Archipelago, Japan: Reconfirmed faunal endemicity and Holocene range collapse of forest-dwelling species. *Palaeontologia Electronica.* 18.1.1A:1-26
Terayama M. (2021) A new species of the genus *Laelius* Ashmead from the Ryukyus, Japan (Hymenoptera:Bethylidae). *Biogeography* **23**:13-14

第3章

朝比奈正二郎（1991）『日本産ゴキブリ類』中山書店
太田英利ほか（2008）「宮古諸島の不思議な動物相」宮古の自然と文化を考える会編『宮古の自然と文化　第2集』pp.24-44
皆藤琢磨（2016）「中琉球の動物はいつからどのようにしてやってきたのか？　ヒバァ類を例として」水田拓編『奄美群島の自然史学』東海大学出版会 pp.18-35
諸喜田茂充ほか（2008）「宮古の歴史を見てきた生き物たちーミヤコサワガニの起源ー」宮古の自然と文化を考える会編『宮古の自然と文化　第2集』pp.10-23
宮古島市史編さん委員会編（2019）『みやこの自然』宮古島市教育委員会
Matsuoka H. (2000) The late Pleistocene fossil birds of the central and southern Ryukyu Islands, and their zoogeographical implications for the recent avifauna of the archipelago. *Tropics.* **10**(1):165-188
Solem A. (1990) How many Hawaiian land snail species are left? and what we can do for them. *Bishop Museum Occasional Papers.* **30**:27-40
Yanagisawa S. et al. (2020) Two new species of the genus *Eucorydia* (Blattodea: Corydiidae) from the Nansei Island in Southwest Japan. *ZOOLOGICAL SCIENCE* **38**:1-13
Yanagisawa S. et al. (2021) A new species of the genus *Eucorydia* (Blattodea: Corydiidae) from the Miyako-jima Island in Southwest Japan. *Species Diversity.* **26**:145-151

学会誌』22:79-90
東清二（2013）『沖縄昆虫記』榕樹書林
大野啓一（1997）「日本から台湾の照葉樹林」『特別展　南の森の不思議な生きもの　照葉樹林の生態学』千葉県立中央博物館 pp.78-87
沖縄県教育庁文化財課資料編集班編（2015）『沖縄県史　各論編　第1巻　自然環境』沖縄県教育委員会
門田祐一（2011）「固有植物の環境」加藤雅啓ほか編『日本の固有植物』東海大学出版会 pp.36-38
小林俊ほか（2019）「ヤンバルクイナの餌種一覧」『沖縄生物学会誌』57:211-227
茂田良光（1999）「クイナってどんな鳥」『バーダー』13(8):10-13
島田拓哉（2022）『野ネズミとドングリ』東京大学出版会
城ヶ原貴通（2016）「琉球列島のネズミ類」 本川雅治編 『日本野ネズミ』東京大学出版会 pp.169-184
高橋亮雄ほか（2018）「沖縄島の更新世港川人遺跡から発見された淡水生および陸生カメ類化石」『群馬県立自然史博物館研究報告』22:51-58
嵩原建二（1997）「ヤンバルの亜熱帯広葉樹林にすむ鳥類」『特別展　南の森の不思議な生きもの　照葉樹林の生態学』千葉県立中央博物館 pp.100-106
嵩原建二ほか（2015）「ケナガネズミ *Diplothrix legata*（ネズミ目：ネズミ科：ケナガネズミ属）の食性について」『沖縄生物学会誌』53:11-22
土屋誠編（2013）『美ら島の生物ウォッチング100』東海大学出版会
中西希ほか（2015）『沖縄の自然は大丈夫？　生物の多様性と保全』琉球大学ブックレット
日本サンゴ礁学会編（2011）『サンゴ礁学』東海大学出版会
日本生態学会編（2015）『南西諸島の生物多様性、その成立と保全』南方新社
服部昭尚（2011）「イソギンチャクとクマノミ類の共生関係の多様性：分布と組合わせに関する生態学的レビュー」『日本サンゴ礁学会誌』13:1-27
原正利（2019）『どんぐりの生物学』京都大学学術出版会
藤田祐樹（2019）『南の島のよくカニ食う旧石器人』岩波書店
松井正文（1996）『両生類の進化』東京大学出版会
水田拓ほか編（2018）『島の鳥類学』海游舎
楊宏志ほか（2014）『臺灣的殼斗科植物－櫟足之地』行政院農業委員會林務局、臺北
Allen D. et al. (2004) A new species of *Gallorallus* from Calayan Island,

参考文献

複数の章で参照した文献については初出の章のみで記載している。
また自著に関しては省略した。

第1章

東滋（1984）「サルと森と人一ひとつの生物的自然の歴史」『モンキー』39(3.4.5):94-102
東清二（1986）「ヤンバルテナガコガネ　山原で発見された最新種」『アニマ』14(6):32-35
新井正（1990）「空からの水、陸の水」サンゴ礁地域研究グループ編『熱い自然　サンゴ礁の環境誌』古今書院 pp.202-214
ウェニンガー，P. 講演、百瀬浩 構成・執筆（2005）「グアムクイナ保護の20年」『遺伝』59(2):45-49
太田英利・高橋亮雄（2006）「琉球列島および周辺島嶼の陸棲脊椎動物相」琉球大学21世紀 COE プログラム編集委員会編『美ら島の自然誌』東海大学出版会 pp.2-15
加藤真（1999）『日本の渚』岩波新書
神谷厚昭（2015）『地層と化石が語る琉球列島三億年史』ボーダーインク
環境省（2019）「奄美大島、徳之島、沖縄島北部および西表島世界自然遺産　遺産地域の特徴」 kyushu.env.go.jp/Okinawa/amami-okinawa/
清水義和（1998）『ハワイの自然』古今書院
中井穂瑞領（2020）『毒蛇ハブ』南方新社
中村泰之（2016）「与論島の両生類と陸生爬虫類」水田拓編『奄美群島の自然史学』東海大学出版会 pp.351-369
藤田和彦（2001）「星砂の生物学」『みどりいし』12:26-29
本川達雄（1985）『サンゴ礁の生物たち』中公新書
山田文雄（2017）『ウサギ学』東京大学出版会
琉球大学理学部「琉球列島の自然講座」編集委員会編（2015）『琉球列島の自然講座』ボーダーインク

第2章

安座間安史ほか（1984）「ノグチゲラの育雛活動について」『沖縄生物

イラスト　盛口 満

地図作成　ケー・アイ・プランニング
図作成　関根美有
ＤＴＰ　市川真樹子

盛口 満（もりぐち・みつる）

1962年生まれ．千葉大学理学部生物学科卒業．自由の森学園中・高等学校（埼玉県飯能市）の理科教員を経て，2000年に沖縄へ移住．現在，沖縄大学人部学部こども文化学科教授．
著書『僕らが死体を拾うわけ』（ちくま文庫，2011）
『生き物の描き方』（東京大学出版会，2012）
『身近な自然の観察図鑑』（ちくま新書，2017）
『琉球列島の里山誌』（東京大学出版会，2019）
『ものが語る教室』（岩波書店，2021）
『ゲッチョ先生と行く沖縄自然探検』（岩波ジュニア新書，2021）
『生き物をうさがみそーれー』（八坂書房，2022）
ほか多数

沖縄のいきもの
中公新書 2735

2023年1月25日発行

著者 盛口 満
発行者 安部順一

本文印刷 三晃印刷
カバー印刷 大熊整美堂
製本 小泉製本

発行所 中央公論新社
〒100-8152
東京都千代田区大手町 1-7-1
電話 販売 03-5299-1730
編集 03-5299-1830
URL https://www.chuko.co.jp/

Published by CHUOKORON-SHINSHA, INC.
Printed in Japan ISBN978-4-12-102735-1 C1245

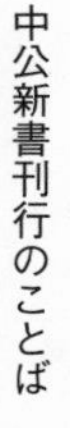

中公新書刊行のことば

一九六二年一一月

いまからちょうど五世紀まえ、グーテンベルクが近代印刷術を発明したとき、書物の大量生産は潜在的可能性を獲得し、いまからちょうど一世紀まえ、世界のおもな文明国で義務教育制度が採用されたとき、書物の大量需要の潜在性が形成された。この二つの潜在性がはげしく現実化したのが現代である。

いまや、書物によって視野を拡大し、変りゆく世界に豊かに対応しようとする強い要求を私たちは抑えることができない。この要求にこたえる義務を、今日の書物は背負っている。だが、その義務は、たんに専門的知識の通俗化をはかることによって果たされるものでもなく、通俗的好奇心にうったえて、いたずらに発行部数の巨大さを誇ることによって果たされるものでもない。現代を真摯に生きようとする読者に、真に知るに価いする知識だけを選びだして提供すること、これが中公新書の最大の目標である。

私たちは、知識として錯覚しているものによってしばしば動かされ、裏切られる。私たちは、作為によってあたえられた知識のうえに生きることがあまりに多く、ゆるぎない事実を通して思索することがあまりにすくない。中公新書が、その一貫した特色として自らに課すものは、この事実のみの持つ無条件の説得力を発揮させることである。現代にあらたな意味を投げかけるべく待機している過去の歴史的事実もまた、中公新書によって数多く発掘されるであろう。

中公新書は、現代を自らの眼で見つめようとする、逞しい知的な読者の活力となることを欲している。

中公新書 1886

現代史

中公新書

科学・技術

中公新書

医学・医療

q1

中公新書

自然・生物

中公新書

地域・文化・紀行

t1

- 285 日本人と日本文化 司馬遼太郎 ドナルド・キーン
- 605 絵巻物に見る日本庶民生活誌 宮本常一
- 201 照葉樹林文化 上山春平編
- 799 沖縄の歴史と文化 外間守善
- 2711 京都の山と川 鈴木康久 肉戸裕行
- 2298 四国遍路 森 正人
- 2151 国土と日本人 大石久和
- 2487 カラー版 ふしぎな県境 西村まさゆき
- 1810 日本の庭園 進士五十八
- 2633 日本の歴史的建造物 光井 渉
- 2511 外国人が見た日本 内田宗治
- 1009 トルコのもう一つの顔 小島剛一
- 2032 ハプスブルク三都物語 河野純一
- 2183 アイルランド紀行 栩木伸明
- 1670 ドイツ 町から町へ 池内 紀
- 1742 ひとり旅は楽し 池内 紀
- 2023 東京ひとり散歩 池内 紀
- 2118 今夜もひとり居酒屋 池内 紀
- 2331 カラー版 廃線紀行—もうひとつの鉄道旅 梯 久美子
- 2290 酒場詩人の流儀 吉田 類
- 2472 酒は人の上に人を造らず 吉田 類
- 2721 京都の食文化 佐藤洋一郎
- 2690 北海道を味わう 小泉武夫